奇妙的自然现象丛书

QIMIAO DE ZIRAN
XIANXIANG CONGSHU

流畅细致的文字　精美独特的插图　大方优雅的版面

本书编写组◎编

# 大自然的奇观

世界图书出版公司
广州·上海·西安·北京

图书在版编目（CIP）数据

大自然的奇观／《大自然的奇观》编写组编．—广
州：广东世界图书出版公司，2010.8（2021.5 重印）
ISBN 978－7－5100－2610－2

Ⅰ．①大… Ⅱ．①大… Ⅲ．①自然地理－世界－普及
读物 Ⅳ．①P941－49

中国版本图书馆 CIP 数据核字（2010）第 160329 号

| | | |
|---|---|---|
| 书　　名 | 大自然的奇观 | |
| | DAZIRAN DE QIGUAN | |
| 编　　者 | 《大自然的奇观》编写组 | |
| 责任编辑 | 韩海霞 | |
| 装帧设计 | 三棵树设计工作组 | |
| 责任技编 | 刘上锦　余坤泽 | |
| 出版发行 | 世界图书出版有限公司　世界图书出版广东有限公司 | |
| 地　　址 | 广州市海珠区新港西路大江冲 25 号 | |
| 邮　　编 | 510300 | |
| 电　　话 | 020-84451969　84453623 | |
| 网　　址 | http://www.gdst.com.cn | |
| 邮　　箱 | wpc_gdst@163.com | |
| 经　　销 | 新华书店 | |
| 印　　刷 | 三河市人民印务有限公司 | |
| 开　　本 | 787mm×1092mm　1/16 | |
| 印　　张 | 13 | |
| 字　　数 | 160 千字 | |
| 版　　次 | 2010 年 8 月第 1 版　2021 年 5 月第 6 次印刷 | |
| 国际书号 | ISBN　978-7-5100-2610-2 | |
| 定　　价 | 38.80 元 | |

# 序　言

　　地球上大气、海洋、陆地和冰冻圈构成了所有生物赖以生存的自然环境。自然现象，是在自然界中由于大自然的自身运动而自发形成的反应。

　　大自然包罗万象，千变万化。她用无形的巧手不知疲倦地绘制着一幅幅精致动人、色彩斑斓的巨画，使人心旷神怡。

　　就拿四季的自然更替来说，春天温暖，百花盛开，蝴蝶在花丛中翩翩起舞，孩子们在草坪上玩耍，到处都充满着活力；夏天炎热，葱绿的树木为人们遮阴避日，知了在树上不停地叫着。萤火虫在晚上发出绿色的光芒，装点着美丽的夏夜；秋天凉爽，叶子渐渐地变黄了，纷纷从树上飘落下来。果园里的果实成熟了，地里的庄稼也成熟了，农民不停地忙碌着；冬天寒冷，蜡梅绽放在枝头，青松依然挺拔。有些动物冬眠了，大自然显得宁静了好多。

　　再比如刮风下雨，电闪雷鸣，雪花飘飘，还有独特自然风光，等等。正是有这些奇妙的自然现象，才使大自然变得如此美丽。

　　大自然给人类的生存提供了宝贵而丰富的资源，同时也给人类带来了灾难。抗御自然灾害始终与人类社会的发展相伴随。因此，面对各类自然资源及自然灾害，不仅是人类开发利用资源的历史，而且是战胜各种自然灾害的历史，这是人类与自然相互依存与共存和发展的历史。正因如此，人类才得以生存、延续和发展。

　　人类在与自然接触的过程中发现，自然现象的发生有其自身的内在规律。

当人类认识并遵循自然规律办事时，其可以科学应对灾害，有效减轻自然灾害造成的损失，保障人的生命安全。比如，火山地震等现象不是时刻在发生。它是地球能量自然释放的现象。这个现象需要时间去积累。这也正是为什么火山口周围依然人群密集的原因。就像印度尼西亚地区的人们一样，他们会等到火山发泄完毕，又回到火山口下种植庄稼。这表明，人们已经认识到自然现象有相对稳定的一面，从而好好利用这一点。

当人类违背自然规律时，其必然受到大自然的惩罚。最近十年，人类对大自然的过度索取使得大自然面目全非。大自然开始疯狂的报复人类，比如冰川融化，全球变暖，空气污染，酸雨等，人类所处的地球正在经受着人类的摧残。

正确认识并研究自然现象，可以帮助人们把握自然界的内在规律，揭示宇宙奥秘。正确认识并研究自然现象，还可以改善人类行为，促进人们更好地按照规律办事。

本套丛书系统地向读者介绍了各种自然现象形成的原因、特点、规律、趣闻趣事，以及与人类生产生活的关系等内容，旨在使读者全方位、多角度地认识各种自然现象，丰富自然知识。

为了以后我们能更好的生活，我们必须去认识自然，适应自然，以及按照客观规律去改造自然。简单说，就是要把自然看作科学进军的一个方面。

# 前　言

　　在这个世界上，除了人类文明创造的各种奇迹外，大自然也在创造着各种各样的奇迹。地球稍微的一次震动，可能就会成就维苏威那样的火山，喜马拉雅那样的高峰，或是非洲大裂谷那样的疤痕。而你永远不知道，在这个广袤的大地上下一个被你发现的奇迹是什么，这就是自然奇观带给你的魅力——让你领略了各种风采和景色之后，还抛给你一个一个的谜团。

　　阅读此书，你可以尽量去发掘各大洲的绝美景观，罕见的山水奇景，奇特的地热资源，丰富的地貌景观，千姿百态的物种以及层出不穷的谜团。在这里，还有地球上的各种之最——最高的山、最长的河、最深湖、最奇特的地貌，等等。你可以在其中领略到欧洲的典雅浪漫、亚洲的绮丽激越，还有非洲的粗犷纯朴、美洲的神秘温柔、大洋洲的富有绚丽、南极洲的梦幻极致。

　　这简直就像一场眼睛的梦幻之旅。紫色的梦伴着白色的翅膀在蓝色的海风中划过，缓缓地叙述着美丽而温柔的传说。童话中想象的一切在心底盘旋，梦从这里开始，也在这里结束。梦境与现实的交错，时光与空间的编织，一点点地描绘出无比柔情与妩媚的光色，幻化出晶莹的光华……

这是一本可以带上眼睛旅行的书，精美的图片，传神的故事，奇特的世界，从遥远的上古传说，到一次次深刻而亲切的回忆，从南半球到北半球，从过去到今天，在浩如烟海的岁月里，多少地球与人类的奇迹被雕琢、被创造……

这本书将地球与人类前所未有的自然奇观一一呈现。世界的极致之美在这里汇聚，让你的心灵在感受震撼的同时，能在这里得到休憩。让我们放下沉甸甸的背包，以最轻松的姿态来阅读这个世界。

编　者

# contents

# 第一章

## 欧洲

# 第一节　阿尔卑斯山

　　欧洲巨龙阿尔卑斯山绵延数千里,奇景无数,是大自然不可多得的宝库。

　　阿尔卑斯山是欧洲中南部大山脉,是一条不甚连贯的山系中的一小段,该山系自北非阿特拉斯延伸,穿过南欧和南亚,直到喜马拉雅山脉。阿尔卑斯山脉从亚热带地中海海岸法国的尼斯附近向北延伸至日内瓦湖,然后再向东—东北伸展至多瑙河上的维也纳。阿尔卑斯山脉遍及下

巍峨壮美的阿尔卑斯山

列6个国家的部分地区:法国、意大利、瑞士、德国、奥地利和斯洛文尼亚;仅有瑞士和奥地利可算作是真正的阿尔卑斯型国家。阿尔卑斯山脉长约1200千米,最宽处201千米以上。它有"欧洲巨龙"之称,是欧洲的一个

2

标志性山脉。

阿尔卑斯山所处的地段在很久以前曾是一片辽阔的大海,是古地中海的一部分。后来在距今 300 万～200 万年的喜马拉雅造山运动中隆起,形成高大的褶皱山系,此后近 200 万年来,欧洲经历了几次大冰期,使阿尔卑斯山大部分山体被厚达 2000 米的冰层所覆盖,遭受到强烈的冰川作用。冰川移动时侵蚀岩石,冲地开道,形成了许多突兀的峭壁、尖锐的角峰和深邃的冰川槽谷等奇特的地貌景观。到现在,阿尔卑斯山脉还有 1200 多座现代冰川,冰川融水形成了许多大河的源头,莱茵河、罗讷河等都发源于此。在阿尔卑斯山脉的山麓地带还分布着许多大大小小的冰碛湖和构造湖,著名的湖泊有日内瓦湖、苏黎世湖、博登湖、纳沙特尔湖、加尔达湖、科莫湖、伊奥湖等。从飞机上鸟瞰,群峰耸立,阳光照射着万年雪峰,崇山峻岭中碧蓝的湖泊、蜿蜒的河流与银光闪闪的雪峰交相辉映,山水风光,美不胜收。伟大诗人拜伦曾把阿尔卑斯山脉比作是"大自然的宫殿"。

阿尔卑斯山脉无限风光中,以其山峰壮景最为引人注目,勃朗峰、马特峰、少女峰的壮观景象吸引着世界各地的游客和登山运动爱好者们。

山脚下的绿色草甸

勃朗峰位于法国、意大利边境地区，包括主峰在内的 2/3 部分在法国境内，1/3 部分在意大利境内，海拔 4810 米，是阿尔卑斯山脉的最高峰，也是欧洲西部第一高峰，享有"西欧屋脊"之美称。勃朗峰峰顶终年白雪皑皑，"勃朗"在法语中即"白"的意思。站在山脚仰望，勃朗峰高高地耸立在群峰之巅，洁白的积雪在阳光照射下，变幻着艳丽的色彩，时而微红，时而橙黄，格外灿烂，充满着神秘、瑰丽的色彩。冬日里的勃朗峰银装素裹，更是别具风姿，远远望去，那高插云霄的群峰，像集体起舞的少女的珠冠，银光闪闪。这里风景秀丽，气候宜人，春秋二季，林木葱郁，空气清新，鸟语花香，令人流连；夏季气候凉爽，是避暑的好地方；冬季白雪覆盖，是观赏雪景和滑雪运动的胜地。

勃朗峰大约有 100 平方千米的面积覆盖着冰川，其中冰海冰川最具代表性。冰海冰川是勃朗峰最大的冰川，长约 14 千米，其尖锐的冰峰和深厚的冰层，在过去 250 年里把世人深深迷住了，更激发了无数人来此探险。

另一座高峰马特峰位于瑞士和意大利边境，海拔 4478 米，它矗立在阿尔卑斯山脉的群峰环绕中，显得雄伟而孤傲。马特峰的奇特之处在于它微微弯曲的呈三角形的峰顶，人们称之为"角峰"，角峰是因冰期冰川将山峰周围的冰斗磨蚀掉而形成的。冰斗是山峰上的圆形坑洼，这是在连续不断地降雪后，由山坡上背风的凹地堆满的积雪所形成的，年复一年，没有融化掉的积雪被上面的雪层压得坚硬，继而变成冰。

少女峰位于瑞士中南部，西北距因特拉肯城 19 千米，雄踞于劳特布鲁思昂谷地，海拔 4158 米，横亘 18 千米。这座被称为阿尔卑斯山"皇后"的山峰，远望宛如一位少女，披着长发，素裹银装，恬静地仰卧在白云之间。峰上有许多迷宫般的冰洞，洞内左弯右转，时窄时宽，扑朔迷离，俨如广寒宫。在洞内展示着用精巧手工雕琢而成的冰雕品、冰汽车冰椅和爱斯基摩人像等景物。山巅岩石略呈圆形，冰雪晶明，景色清丽。有数条冰

4

梦幻般的阿尔卑斯

川顺峰而下，汇合为阿勒什冰川。

在奥地利境内的阿尔卑斯山深处有一处冰洞奇观——冰像洞穴，被人称为"冰雪巨人的世界"，它是欧洲最大的冰穴网。冰穴内的柱廊犹如迷宫，而穴室长约 40 千米，一直伸展到奥地利萨尔茨堡以南的滕嫩高原，好像教堂一般宽阔。

冰穴的入口处有一堵高达 30 米的冰壁，冰壁上面是迷宫般的地下洞穴和过道。冰的造型犹如童话故事里描述的世界，因此赢得了"冰琴"、"冰之教堂"等美誉；山的深处还有冰凝的帷帘悬垂着，称为"冰门"。在山的更高处，偶尔会有冰冷的气流伴随着呼啸声，沿狭窄的洞穴过道吹过。

"冰雪巨人"是水渗入到数万年前形成的石灰岩洞的结果。冰像洞穴，位于海拔 1500 米以上，冬天穴内异常寒冷。春季的融水和雨水渗进洞穴里，瞬间凝结成壮观的积冰造型，而非形成一般石灰岩洞中所见的钟乳石和石笋的样子。

阿尔卑斯山，一个玉洁冰清的冰雪美人，一个繁花盛开、绿草如茵的人间仙境，一个梦幻般的天堂一样的地方。

## 雪 崩

积雪的山坡上，当积雪内部的内聚力抗拒不了它所受到的重力拉引时，便向下滑动，引起大量雪体崩塌，人们把这种自然现象称做雪崩。也有的地方把它叫做"雪塌方"、"雪流沙"或"推山雪"。

雪崩，每每是从宁静的、覆盖着白雪的山坡上部开始的。突然间，"咔嚓"一声，勉强能够听见的这种声音告诉人们这里的雪层断裂了。先是出现一条裂缝，接着，巨大的雪体开始滑动。雪体在向下滑动的过程中，迅速获得了速度。于是，雪崩体变成一条几乎是直泻而下的白色雪龙，腾云驾雾，呼啸着声势凌厉地向山下冲去。在高山探险遇到的危险中，雪崩造成的危害是最为经常、惨烈的，常常造成"全军覆没"。因雪崩遇难的人要占全部高山遇难的 $1/2\sim1/3$。

造成雪崩的原因主要是山坡积雪太厚。积雪经阳光照射以后，表层雪溶化，雪水渗入积雪和山坡之间，从而使积雪与地面的摩擦力减小。与此同时，积雪层在重力作用下，开始向下滑动。积雪大量滑动造成雪崩。此外，地震运行踩裂雪面也会导致积雪下滑造成雪崩。

# 第二节　维苏威火山

位于繁忙的那不勒斯湾的活火山，缕缕水汽和烟雾围绕着它，时刻提醒着人们它随时爆发的可能。

维苏威火山是世界最著名的火山之一,坐落在意大利南部的那不勒斯海湾东岸,距那不勒斯市东南约 11 千米,海拔高度 1277 米。它是欧洲唯一的一座位于大陆上的活火山。

维苏威火山

维苏威火山在历史上多次喷发,最为著名的一次是公元 79 年的大规模喷发。灼热的火山碎屑流毁灭了当时极为繁华的拥有 2 万多人口的庞贝古城。其他几个有名的海滨城市如赫库兰尼姆、斯塔比亚等也遭到严重破坏。直到 18 世纪中叶,考古学家才把庞贝古城从数米厚的火山灰中挖掘出来,那些古老的建筑和姿态各异的尸体都完好地保存着,这一史实已为世人熟知,庞贝古城至今仍是意大利著名的游览胜地。

维苏威火山原是海湾中的一座岛屿,因火山爆发与喷发物质的堆积才和陆地连成一片,并形成锥状山峰。维苏威火山高 1277 米,不到埃特纳火山的一半高,但它的黏液状熔岩使其更具爆发性。含硫气体不断地从巨大的主火山口冒出来,火山附近的有些地方,岩石热得足以煮熟鸡蛋。火山口周围是长满野生植物的陡峭岩壁,岩壁的一侧有缺口。火山口的底部不长草木,地势比较平坦。火山锥的外缘山坡,覆盖着适于耕植的肥沃土壤,山脚下曾经坐落着赫库兰尼姆和庞贝两座繁荣的城市。

大约在公元 79 年 8 月 24 日下午 1 时,意大利南部那不勒斯以东的巨大睡火山——维苏威火山底部附近的小罗马镇居民听到一声巨响。当时有记录表明人们受到惊吓,但推测他们在室内是安全的。以后的爆发将熔化的石头变成浮石和灰烬,如下雨般地降落在这一繁忙的海滨城镇。

到午夜时分,火山活动加剧,海岸以西几千米处的赫库兰尼姆镇的住家开始逃离家园,奔向唯一可能逃生之路——大海。突然,火山灰的巨流从火山喷出,扑向城镇,随之而来的是熔岩的火舌。港口附近的房屋内完好地保留着无覆盖物的骸骨,表明人们很难有时间弄明白发生了什么——有些人相拥而死,而另一些人则死在逃生的路上。在一群骸骨中发现一盏灯,推测当人们逃避恐怖的火山喷发时,带上它照亮道路。相继而来的喷发浪潮将城镇掩埋在无数层的火山灰和火山弹之下,但它一直保留至今,因此现在仍在赫库兰尼姆进行挖掘。

第二天,在维苏威火山再度爆发,喷出大片云状火山灰和气体之前,庞培城附近的居民尚未受到伤害。估计这一天的喷发中庞培城有 2000 人死亡——但这一数字不断地被修改,考古学家在大规模挖掘中发现越来越多的人体遗骸。

维苏威火山最近一次大爆发发生在 1944 年,人们步行或乘缆车到火山口边缘,可认为火山业已平息,但缕缕烟雾以及城镇地面向下沉降的信号均提醒人们它任何时候都有可能再次喷发。

8

## 埃特纳火山

位于西西里岛的埃特纳火山是温顺的。尽管它曾于公元122年毁灭了卡塔尼亚镇,1979年猛烈地喷发,但它从未引起人员伤亡和维苏威火山式的动难。2座火山非常不同:埃特纳火山下面的岩浆流动性很大,因此气体容易逸散。维苏威火山下面的熔岩厚而黏,将气体封存起来,正是这一原因导致了公元79年的大劫难。

埃特纳火山有60万年历史,是欧洲最大的火山,从海底浮升,高出西西里东海岸3322米。一系列的喷发使其拥有二级火山锥、喷气孔以及火山口中的火山口等复杂的结构。

# 第三节　弗拉萨斯溶洞群

这些位于意大利中部石灰岩山林中的美丽溶洞,拥有世界上最令人难忘的钟乳石和石笋。

1971年,当一支来自安科纳的洞穴学家考察队在挖掘亚平宁山脉石灰岩山丘时,有了惊人的发现。弗拉萨斯峡谷的巨大溶洞系统一直是洞穴学家和旅游者钟爱之处,但这群幸运的人们偶然发现了弗拉萨斯溶洞中最精彩的一个:大风洞。这不仅是一个巨大的洞穴,而且连接着周围近13000米的隧洞和通道。它有几个巨大的洞穴,每一个洞穴大得足以安置一教堂,而许多小的洞穴,也各有其独特的神韵。其中令人印象最深刻的洞穴蜡烛宫,其穹顶上垂下成千奶酪般的、雪花膏似的、白色的钟乳石。另一个精彩的洞穴是无极宫,那里的钟乳石和石笋长得相当长,以致其中许多已成为雄伟的柱子。柱子的复杂结构使人联想起哥特式建筑中精美的雕刻结构,而且该洞中支撑着穹顶的柱子给人以势不可挡之感。

溶洞内景

弗拉萨斯溶洞系统洋溢着美感:从一个溶洞逶迤至另一个溶洞,展露出一系列难以置信的地质构造。它是如此之薄以致光线可以透过到巨大厚实的光塔,看上去像一巨龙的牙齿。在许多溶洞中,滴水中含有除碳酸钙外的矿物质,形成从柔和的蓝绿系列到浅淡的粉红色,真是一个令人目不暇接的彩色世界。

另一尤为壮观的特征是蝙蝠洞,成千上万的这类夜间活动的小哺乳动物或倒悬在溶洞穹顶上,或安详地来回飞翔。黄昏时分,溶洞入口处乱成一团,成千上万只蝙蝠离开其白天的休息地,在黑夜中捕捉飞蛾和其他昆虫。蝙蝠视力发育不良,通过复杂的声呐系统的定位捕食猎物,科学家至今尚未完全明白这种复杂的声呐系统。

弗拉萨斯溶洞群位于一流的喀斯特地区,那里大量的石灰岩沉积受到埃西诺河及其支流森蒂托河的侵蚀,形成深切至亚宁山脉山麓的峡谷。两河的流水侵蚀弗拉萨斯溶洞系统的一些洞穴,几千年来不断地刻蚀和

梦幻般的溶洞

溶解隧洞中那些岩石最脆弱的地方。

11

# 钟乳石和石笋

　　悬挂在溶洞穹顶上的石柱就像冰柱一样,被称为"钟乳石";那些立在地上柱状物就是"石笋"。这两种形成物被称为滴水石。当水中所含的溶解矿物质达到饱和、水滴透过溶洞的石灰岩穹顶形成方解石结晶时,滴水石就开始形成了。起先,晶体形成管状,水滴从管中流出,沿管壁流下。下流的水越多,管壁的方解石结晶的沉积也越多,钟乳石终于在管状物的增长过程中形成。水从钟乳石上滴下来,在洞穴的地上集聚了一堆方解石结晶物,最后长高成石笋。

　　终于有一天,钟乳石和石笋相连在一起,形成石柱,这种结构要花成千上万的时间。

# 第四节  巨人之路

大量的玄武柱石排列在岸边,形成壮观的玄武岩石柱林,气势磅礴。

巨人之路

在英国北爱尔兰的安特里姆平原边缘的岬角,沿着海岸悬崖的山脚下,大约有 3.7 万多根六边形或五边形、四边形的石柱组成的贾恩茨考斯韦角从大海中伸出来,从峭壁伸至海面,数千年如一日的屹立在大海之滨,被称为"巨人之路"。

从空中俯瞰,巨人之路这条赭褐色的石柱堤道在蔚蓝色大海的衬托下,格外醒目,惹人遐思。巨人之路海岸包括低潮区、峭壁以及通向峭壁顶端的道路和一块高地,是这条海岸线上最具有特色的地方。这 37000 多根大小均匀的玄武岩石柱聚集成一条绵延数千米的堤道,形状很规则,看起来好像是人工凿成的。大量的玄武岩石柱排列在一起,形成壮观的

12

玄武岩石柱林。它们以井然有序、美轮美奂的造型,磅礴的气势令人叹为观止。在1986年被联合国教科文组织评为世界自然遗产,也是北爱尔兰著名的旅游景点。

巨人之路又被称为巨人堤或巨人岬,这个名字起源于爱尔兰的民间传说。一种说法说"巨人之路"是由爱尔兰巨人芬·麦库尔建造的。他把岩柱一个又一个地运到海底,那样他就能走到苏格兰去与其对手芬·盖尔交战。当麦库尔完工时,他决定休息一会儿。而同时,他的对手芬·盖尔决定穿越爱尔兰来估量一下他的对手,却被麦库尔巨人那巨大的身躯吓坏了。尤其是在麦库尔的妻子告诉他,这事实上是巨人的孩子之后,盖尔在考虑这小孩的父亲该是怎样的庞然大物时,也为自己的生命担心。他匆忙地撤回苏格兰,并毁坏了其身后的堤道,以免芬·麦盖库尔走到苏格兰。现在堤道的所有残余都位于安特里姆海岸上。

排列规则的玄武岩石

那么,究竟是怎样的自然之力造就了这一举世闻名的自然奇观呢?地质学家们经过长期的研究终于发现了这个秘密。"巨人之路"实际上完全是一种天然的玄武岩。由于大西洋板块上剧烈的地壳运动,以及伴随的火山喷发,玄武岩熔岩从地壳裂缝中上涌,遇到海水变冷却变成固态的玄武岩,在整个过程中玄武岩遇冷收缩,结晶,并形成了规则的柱状体。而"巨人之路"便是柱状玄武岩地貌的完美表现。

与"巨人之路"类似的柱状玄武岩石地貌景观,在世界其他地方也有分布,如苏格兰内赫布里底群岛的斯塔法岛、冰岛南部、中国江苏六合县的柱子山等,但都不如巨人之路表现得那么完整和壮观。

# 玄武岩

14

玄武岩是由火山喷发出的岩浆冷却后凝固而成的一种致密状或泡沫状结构的岩石。它在地质学的岩石分类中,属于岩浆岩(也叫火成岩)。玄武岩的颜色,常见的多为黑色、黑褐或暗绿色。因其质地致密,它的比重比一般花岗岩、石灰岩、砂岩、页岩都重。但也有的玄武岩由于气孔特别多,重量便减轻,甚至在水中可以浮起来。因此,把这种多孔体轻的玄武岩,叫做"浮石"。

# 第五节　　多佛尔的白色悬崖

多佛尔,是英格兰的一个港口,位于白垩高地峡谷口,与法国加来隔多佛尔海峡相距35千米。罗马时期为去欧洲大陆的交通要地,被称为"通向英格兰的钥匙"。靠近它时,海上数里之外便可看到白色垩悬崖。

多佛尔的白色悬崖

英法两国之间的海峡分为两段,较长的一段是英吉利海峡,较短的一段许多人并不熟悉,它就是多佛尔海峡,法语称加来海峡,介于北海和英吉利海峡之间,从英国的多佛尔港一直延续到法国加来以西的格里内角。

海峡大致作东北—西南走向，一般宽 30～40 千米，中段窄，两端宽，水深 35～55 米。多佛尔海峡的阔度是英国与法国间最短的。晴朗的天气下可以用肉眼观望到对岸海岸线及沿岸建筑物。

多佛尔的悬崖高高地耸立于海面上，其闪烁着的耀眼的白色，是许多航海家对英格兰的第一印象。由于它接近法国，历史上多佛外的地理位置对不列颠王国的防御有着重要的战略意义。多佛尔城堡位于白色悬崖的最高点，高出海平面约 114 米，是世界上给人印象最深的城堡之一，建造了 1000 多年，用以抵御欧洲的入侵者。

英格兰南部海岸全为白垩悬崖，如南部高地与海相遇处的东萨塞克斯郡比奇角的白垩悬崖，但却叫人觉得没有能像多佛尔的白色悬崖那样激发出这么多流行的歌谣、诗句和绘画的灵感。

悬崖上喜好白垩土的鲜花之丰富，早在伊丽莎白时代就有记载，1548 年"英国植物学之父"威廉姆·特纳曾对此作过描述。至今这里仍然盛开着鲜花，其中最著名的是海甘蓝，它带有鲜黄色的花朵和大而嫩绿的叶片。欧洲海蓬子和黄色的海罂粟，伴着几种只有在白垩土上才能生长的野兰花，是沿着多佛尔周围许多悬崖顶上小路的赏心悦目之处。

悬崖上以形成于晚白垩纪的白垩地层为主，当时无数微生物的躯体和富含碳酸钙的贝壳，死后沉入海底。贝壳一层一层地堆积起来，在被称为沉积作用的过程中逐渐受压。一旦形成，白垩这种松软的石灰岩迅速受到海水和风力的侵蚀。

引起该石灰岩分解和多佛尔白色悬崖形成的地质过程，遵循着一种典型的模式。首先，当盐水渗入岩石缝隙并溶蚀了较软的岩石时，悬崖上的易损之处就变得更为脆弱。缝隙水也会随温度的变化而热胀冷缩，导致岩石碎裂，植物和树扎根于松软的岩层中会对岩石造成更大的损害。

悬崖形成的第二阶段出现在碎浪猛击悬崖底部时，迫使海水进入岩石缝隙，并以此巨大能量拓宽着逐步爆裂的岩石。退潮水的吸引力带走

16

了破碎物,波浪携带的卵石和石块磨蚀着岩石,岩石就这样缓慢地但又不可避免地遭到破坏,波浪时时在崖壁底部的支撑点被磨蚀掉并留下陡峭的崖壁,上层悬垂的崖壁终将崩裂。这个过程不断地重复,在海水的拍击下,悬崖逐步后退。侵蚀也导致诸如浪蚀岩柱的岩针结构的形成。

# 悬　崖

　　海水侵蚀产生的壮观悬崖遍及世界各地。最壮丽的悬崖出现在澳大利亚维多利亚州的坎贝尔港国家公园,那里的石灰岩悬崖受到巨大能量的波浪的猛烈冲击。结果是 32 千米长的海岸不时被壮观的地质建造。大勃洛霍尔是一个长 99 米的隧道,终止于一个宽 40 米的天然井。在一定条件下,海浪沿隧道疾流,穿透天然井,引起像间歇泉一样的喷水。

　　悬崖也形成于内陆,距马里的廷巴克图仅几千米的邦代加拉悬崖是一个很好的例子。这里的悬崖形成于砂岩高原的边缘,耸立在非洲平原之上。6 亿年前沉积在一个天然盆地中的砂岩,不断遭受地壳运动的向上推力,沉积层的边缘就形成今日的悬崖。悬崖高达 503 米,是快速流动的河流向下侵蚀以及上层岩石不断崩塌的产物。

17

# 第六节　多瑙河三角洲

在罗马尼亚东部的黑海入海口处，有一片天然的湿地，这就是由多瑙河形成的多瑙河三角洲。

多瑙河三角洲

多瑙河是仅次于伏尔加河的欧洲第二长河，以源于德国的黑林山，流经奥地利、斯洛伐克、匈牙利、前南斯拉夫、保加利亚，进入罗马尼亚，最后注入黑海。多瑙河自图尔恰向东分成基利亚、苏利纳和圣格奥尔基3条岔流注入黑海，在入海口处冲积成巨大的扇形三角洲。

三角洲的大部在罗马尼亚东部，小部分在乌克兰境内。面积约6000平方千米，其中河滩占总面积的25%，其余是水草地、沼泽、湖泊和原始的橡树林等，是欧洲现存的最大的湿地，也是世界遗产地。

"浮岛"是三角洲最为著名的自然景观之一，是三角洲腹地的一大奇景,它就像一个巨大而美丽的花园,漂浮在海面之上。"浮岛"上面长着茂盛的植物,与陆地无异,但下面却是一片湖泊,湖面碧波荡漾,湖水清澈无比。浮岛在风浪中飘游,不停地改变着三角洲的自然面貌。浮岛占地10万公顷左右,厚约1米。春天,当多瑙河泛滥时,浮岛就成了各类飞禽走兽的避难所。因此三角洲有"鸟和动物的天堂"之称谓。这里已

多瑙河边的鹈鹕

19

记录到的鸟类有280多种。估计有180种在该区繁殖,余者来自远至北极、中国、西伯亚利的地中海,它们将三角洲作为越冬地或长途迁徙的中转站。世界范围内许多种鸟类已受到威胁,而三角洲则担负着作为鸟类安全避难所的格外重要的作用。尤其是几种依靠三角洲为生的鸟类,如黑颈鸬鹚、红胸黑雁等。

科学家认为多瑙河三角洲只有7000年的历史,但无论它是历史的奇迹还是昨天才诞生,都无关紧要。在游客眼里,三角洲是被众神遗忘的角落,那里水土交融而又不为人所觉察,那里的一切河流、海洋、泥沙都呈黄褐色。在它3500平方千米的辽阔区域内,说不清哪里是波浪的尽头,哪里是河岸沙丘的源头。这种疑问一直萦绕在人的脑际。

几百年来,多瑙河一直是重要的贸易通道,大部分时间内人与自然在相对和谐中生存。多瑙河三角洲星罗棋布的湖泊和沼泽养育了这里的当地居民,也哺育着数千种野生动植物,在一年的大部分时间里,三角洲陆

多瑙河三角洲的美丽风景

**20**

地上芦苇摇曳、杨柳依依；水面上鹅鸭点点，鹈鹕展翅，成群的小鸟吱喳而过。然而，随着连接多瑙河和黑海的乌克兰贝斯特罗耶运河开工的号令声，多瑙河三角洲告别了世外桃源般的景象，生态警报随即拉响。同时，三角洲及邻近海岸的水体供养着大量的鱼类，其中许多鱼类已被开发。罗马尼亚一半的淡水鱼捕获量来自多瑙根深叶茂三角洲，包括鲤鱼和可生产鱼子酱的鲟鱼。为开垦农田而增加湿地疏干面积，反过来意味着增加了污染源，给这里的生态环境造成了严重的破坏。目前，政府有关部门正在采取措施扭转危害，保护这一欧洲至关重要的生态单元。

## 鹈 鹕

鹈鹕是大型鸟类的一种，特别适于水生生活方式。它们主要的特征是大而尖的嘴，且有一个适合于吞食鱼的可膨胀的颊袋。鹈鹕群居，是捕鱼能手，常在浅水区作线状搜索。多瑙河三角洲的芦苇荡为该地的两种鹈鹕提供非常安全的巢栖之地。卷羽鹈鹕是一种漂亮的银白色的鸟，现已列入全球濒危种群的名单，作为极好的捕鱼能手，它成为自我成功的受害者。整个鹈鹕群体正在遭受当地商业渔民的毁灭，尤其在中东，那里鸟类被视为直接的竞争者。

# 第七节　冰岛

21

冰岛是北欧的一颗悬浮于海洋的明珠，默默地散发光芒。在这里，冰川与火山交相辉映，冰与火交相缠绵。

冰岛英语意为"冰冻的陆地"，是欧洲西北部的北大西洋岛国，位于格陵兰岛和挪威中间。这里靠近北极圈，属于寒温带海洋性气候，因为受到墨西哥湾暖流的影响，气候要比同纬度地区温和许多。人们经常开玩笑："如果不喜欢冰岛这会儿的天气，那么请你等5分钟，到时候可能比现在更糟。"虽然是玩笑，但当地气候的变幻可见一斑。

它是欧洲第二大岛屿。由于恰好位于大西洋海沟上，冰岛的地貌十分罕见，再没有哪个地方容纳了如此众多的地貌特征：这座遗世独立的岛屿拥有冰河、冰帽、终年覆盖白雪的高山，冻原、直达地心的活火山、温泉、间歇泉、熔岩沙漠、瀑布、苔原、冰原、雪峰等，极冷的冰与极热的火在这个犹如世界尽头的土地上共存共荣。

冰岛有100多座火山，以"极圈火岛"之名著称，共有火山200～300座，有40～50座活火山。主要的火山有拉基火山、华纳达尔斯火山、海克拉火山与卡特拉火山等等。华纳达尔斯赫努克火山为全国最高峰，海拔

2119 米。冰岛几乎整个国家都建立在火山岩石上,大部分土地不能开垦,1963～1967 年在西南岸的火山活动形成了一个约 2.1 平方千米的小岛。

夜晚的雷克雅未克

在首都雷克雅未克几乎没有砖瓦建筑,屋顶是波纹铁,而且你总是能看到附近蒸汽弥漫。这是因为冰岛是一座火山岛,缺乏天然的建筑材料,而国土本身是大自然的杰作——由于地处大西洋中脊通过的位置上,随着格陵兰和苏格兰的进一步分离,冰岛不断地受两部分力的拉动和伸展。

大西洋的扩张始于 1.8 亿年前,6000 万年前格陵兰开始从苏格兰分离,形成了爱尔兰北部、苏格兰西兰部、格陵兰东南部的第三纪火山区。冰岛最古老的岩石不足 6000 万年,且从那时起冰岛在继续增长,从长长的裂隙中喷发出来的熔岩一层一层地堆积起来,为今天的活火山奠定了基础。尽管冰岛有丰富的内部地热,但在最后一次冰期中,岛上覆盖了一层冰盖,其残余物构成了今天的冰冠和冰川。

火山活动的迹象到处可见,从主要的活火山如海克拉火山(1947 年

冰岛的地热资源

有一次大爆发,最近的小爆发发生在 1991 年)到其他已经熄灭的火山口,都伴有壮观的湖泊和宽广的温泉区。这些温泉涉及由沸泥塘组成的含硫池,让人联想起但丁的地狱,以及清澈的、青绿色硅温泉和间歇泉。位于盖衣色的大间歇泉以盖衣色的名字命名所有其他的喷泉,尽管现在它不常喷发,但仍显得十分壮观。温泉地冰岛的地质遗产,它的价值长期来已被人们认识。今天,雷克雅未克由岛内的地下热水集中供热,输送到所有的公共建筑和民用建筑。在不远处的惠拉盖尔济,你能在路边买到用天然热水供热的暖房里生长的西红柿和香蕉。

冰岛冬季缺乏阳光,但神秘却可遇不可求的北极光常给人带来乐趣,使天空中充满迷人的色彩。如有幸可欣赏到那由绿、黄、紫、红等各种颜色形成的北极光,似天带,像帷幕,在空中闪闪发光,翩翩起舞,真是妙不可言。

万物皆有灵,精灵是自然界的生命。冰岛人相信这里居住着精灵。据说,一到深夜,常有精灵带着孩子在这里嬉戏玩耍。在一些火山岩上有奇怪的图案,当地人说这就是精灵的教堂和寺庙,他们也有宗教,跟冰岛人一样崇尚和平、宁静和忠诚。其实,无论冰岛人是否看到了他们所形容的精灵,他们的生活已经和精灵融为一体。

# 瓦特纳冰原

瓦特纳冰原是一冰岛最大的冰原,它覆盖了许多地热源,其中一处地热源形成了格里姆斯沃吞这一冰原的独特湖泊,其表面常为冰冻的固体。菲约德勒姆冰河的源头位于瓦特纳冰原的北部,在冰层之下的温泉有一个喷口通向上面的湖泊。1983年一支驾独木舟的考察队将船只放低到喷口,然后把船划过冰隧道到达开阔的河流,并进入北大西洋。较小的朗格冰原以一大湖作为其南侧的边界,湖中常有从冰川前端崩解下来的冰山。

**24**

# 大间歇泉

大间歇泉是冰岛最独特的自然景观之一。其附近是著名的喷泉区,最大间歇泉直径18米,每隔十几分钟喷发一次,高度可达20米,蔚为壮观。蓝湖是这里的又一名胜,因湖底蕴藏了大量的硒而使湖水终年呈现蓝色而得名。湖水温度舒适,含有多种矿物质,慕名而来的人们往往把这里当作天然的美容院。

# 第八节　巴伦

　　这个位于爱尔兰西南部的国际著名植物园区,从约 300 米高的浑圆山顶直落入海中。

　　巴伦这个名字是从爱尔兰盖尔语翻译过来的,意为"多石的地方"。它占地面积约 376 平方千米,是西欧石炭系咸石灰岩最重要最壮观的地区。许多原始海洋无脊椎动物化石保存在 2.5 亿年前地体抬升之前的石灰岩中,这些化石表明巴伦起源于古热带洋底。

　　乍一看来,巴伦很像裸露的石灰岩分布区中一块相当贫瘠的地区,但仔细观察就可发现,在岩石缝隙间有丰富多样的植物。温和、潮湿的气候(年平均降水量 2030 毫米)是形成该区独特而壮观的植物区系的决定性因素。

园区景色

这里的植物组合非常独特,是欧洲其他地区无法比拟的,植物十分多样,卢西塔尼亚型(地中海型)、温带型以及北极/高山型植物种相互混合,而且更引人注目的是这些植物全是本地种,这样的组合究竟是如何形成的是一个令人三思的问题。有些植物种十分丰富:长势缓慢的北极/高山型路边长着带有绒毛原常绿叶和精致的小白花,血红色的老鹳草吐放亮丽的紫红色花朵,还有像巴伦兰花等南方种。植物种的并存现象也是很独特的,比如海石竹紧挨苔藓状的虎耳草生长并常见于山顶。巴伦也是稀有植物之家,这些稀有种包括带有精致的蓝白色花朵的沼泽紫罗兰、灌木状的委陵菜以及寄生的百里香、列当。

星罗棋布于巴伦东部地区的是死水区,被称为泥炭岩湖和冬湿夏干沼泽地。由于其位于排水良好的石灰岩上,因此沼泽地每年夏季干涸;秋雨时节重新充水,直到下一个春季来临前一直保持受淹状况。该区有一个十分独特植物区系,广大地区以芦苇、甜草为主,边缘地区有各种蓑衣草,掩覆在独特的黑色苔藓之上的水退却后使岩石、巨砾暴露出来。泥炭岩湖一直是死水一潭,存于渗透性很差的石灰岩中,导致碳酸钙高度浓集,从而碳酸岩和大部分可接触到的磷酸岩凝结成白垩状的泥灰岩层。这些重要的营养物质不适于极细小的浮游生物生存,以致水体洁净,并呈特殊的淡蓝色,但却对深根植物,以及广泛生长的轮藻和其他相关种相当有用。

由于有丰富多样的植物区系,巴伦地区的动物相当闻名,尤其是大量种类繁多的蝴蝶。爱尔兰记载的 30 多种蝴蝶,有 26 种就存在于巴伦地区,这里也是爱尔兰珍珠色边豹纹蝴蝶的唯一产地。

## 沼　泽

沼泽是指地表过湿或有薄层常年或季节性积水,土壤水分几达饱和,生长有喜湿性和喜水性沼生植物的地段。由于水多,致使沼泽地土壤缺氧,在厌氧条件下,有机物分解缓慢,只呈半分解状态,故多有泥炭的形成和积累。又由于泥炭吸水性强,致使土壤更加缺氧,物质分解过程更缓慢,氧分也更少。因此,许多沼泽植物的地下部分都不发达,其根系常露出地表,以适应缺氧环境。沼生植物有发达的通气组织,有不定根和特殊的繁殖能力。沼泽植被主要由莎草科、禾本科及藓类和少数木本植物组成。沼泽地是纤维植物、药用植物、蜜源植物的天然宝库,是珍贵鸟类、鱼类栖息、繁殖和育肥的良好场所。沼泽具有湿润气候、净化环境的功能。

# 第九节　拉普兰

当你身处在"欧洲最后一块原始保留区"——拉普兰的土地上,你立刻会忘却都市生活的喧嚣繁杂、焦虑烦躁,拉普兰安宁、轻松和清新,它独具特色的生态环境和极地风光,令人陶醉。传说每年圣诞老人就是从那里坐着雪橇腾空出发,为全世界的孩子送去圣诞礼物。这里似乎只该是一个属于童话里的世界。

芬兰的拉普兰,号称"欧洲最后一块儿原始保护区"。这里有着数不

北极圈内的拉普兰

28

尽的湖泊、江河和溪流,这些湖泊、江河和溪流像小瀑布,向南面和西面的山坡泻下,汇入江河,给拉普兰带来了冷冽的湖水。湖水的东面和北面是原始松林、桦林和沼泽,这里是麋鹿、大山猫和狼獾的家园。

只要你经历过拉普兰的冬天,就会明白圣诞老人为什么会选择这个极北之地定居。在拉普兰看不到现代的工业污染,没有一丝尘埃,所到之处全部都是广袤的森林、冰冻的湖泊和港湾,纯净的旷野,北极光悬挂天幕,闪着炫目而神秘的光芒,一切就像童话故事,美丽安详。

在这里,你经常可以听到当地热情好客的人们向远方的客人一遍又一遍地讲起这个动人的故事:很久以前,一位年纪很大的圣诞老人在世界各地周游,为孩子们带来欢乐。有一天,他来到北极圈附近的拉毕地区,被眼前白雪皑皑、银装素裹的美丽景色所迷恋,决定在这里的耳朵山定居。从此,这个老人,头戴垂肩红软帽,身穿红皮袍,脚蹬长筒靴,满头银发,卷曲的白胡子垂过腰际,每到圣诞之夜,他就坐着8匹驯鹿拉的雪橇来到各家各户,从红布袋里掏出糖果、点心玩具等包装精美的礼物分装给孩子们,共享节日快乐。直到现在,拉普兰仍然无处不有圣诞老人的"踪迹"。

拉普兰地区最负盛名的还是圣诞老人村。圣诞老人村位于北极圈上的政治、经济、文化中心罗凡涅米。二战期间这座城市曾遭到严重破坏，几乎被夷为平地，战后，在芬兰著名建筑大师阿尔托的规划下重建蓝图。据说阿尔托是按照驯鹿的体型设计了这座城市。如今，市内随处可见阿尔托当年设计的建筑。

来到罗凡涅米，游客首先要做两件"大事"：第一是都要把双脚横跨在北极线上拍照留念，并领取自己进入北极圈的"官方证书"；

拉普兰驯鹿

第二就是去著名的圣诞老人村和圣诞老人亲密接触。在通红的壁炉和圣诞树之间的摇椅上，圣诞老人正微笑地看着前来的造访者。红色的帽子扣在他银色的头发上，浓密的白色卷曲的胡须拖到了胸前半腰的位置。

当然，到了圣诞老人村，就别忘了去北极邮局给家人和朋友邮寄一张盖有极地邮戳的明信片。尽管随着旅游的开发，真正的萨米文明正在向更北的极地退去，但童话世界里邮寄出的祝福或许真的更加灵验。

5月，当芬兰南部地区已是春暖花开之时，这里仍是白茫茫的冰雪世界，这里的春天非常短暂，5月中旬，进入拉普兰的"白夜"时节。黄昏时分，天边火红的太阳还没有落下去，黎明时分的日出景象就呈现在眼前，太阳会一直挂在天空直到7月底，午夜的太阳成为这里的一大自然景观。9月，拉普兰呈现出五彩缤纷、魅力无穷的景色。站在山上远眺，曾披着

阳光下的拉普兰

30

绿装的大地变成了一块巨大的调色板,红、黄、绿、褐、紫,斑斑点点,构成了数不胜收的迷人秋色。多雨的秋天过后,拉普兰进入了冬日的梦乡。纷纷扬扬的雪花飘落而下,大地披上了洁白的银装。当天空中的一轮红日在11月底最后一次照耀大地后,便无声无息地消失在茫茫夜色之中,直到来年1月中旬才重新升起。这种见不到阳光,漆黑漫长的北极之夜被称为"卡莫斯",意为黑暗时期。在拉普兰德大部分地区,卡莫斯曾不完全是一片漆黑。中午前后,南方的地平线上会出现一片明亮的彩光。天际边,时常还可以看到五彩缤纷的北极光。

大地披上洁白的银装,随着太阳沉沉睡去,偶尔被极光惊了好梦。圣诞老人在这时候开始清点行头,为一年一次的任务做准备。只要你经历过拉普兰的冬天,就会明白圣诞老人为什么会选择这个极北之地定居。

## 极　光

极光是由于太阳带电粒子(太阳风)进入地球磁场,在地球南北两极附近地区的高空,夜间出现的灿烂美丽的光辉。在南极称为南极光,在北极称为北极光。

极光多种多样,五彩缤纷,形状不一,绮丽无比,在自然界中还没有哪种现象能与之媲美。任何彩笔都很难绘出那在严寒的两极空气中嬉戏无常、变幻莫测的炫目之光。

# 第十节　挪威大峡湾

在挪威语中,峡湾的意思是深入内陆的海湾。挪威北海的海岸线以非常复杂的方式咬噬着内陆,形成了峡湾。因此,挪威又有"峡湾国家"之称。挪威峡湾的规模在世界上首屈一指。巍峨的群山和浩瀚的海洋似乎进行着一场无休止的战争,使得观光者有幸深切感受自然的伟大和壮观,感叹人类的渺小。

在中国乃至亚洲大陆并没有峡湾,除新西兰、智利等国偶有所见外,世界上80%的峡湾在欧洲,而欧洲的峡湾主要在北欧,北欧的峡湾则主要在挪威。

想在世界地图上找到挪威并不困难,只要找峡湾就可以了! 打开一

挪威峡湾

张只要不是最小号的世界地图，观察各个大陆的海岸线就可以发现，除了挪威以外，世界上再也找不到第二个地方的海岸线是如此的支离破碎，始作俑者就是峡湾，是冰川，是北海波涛的切割。挪威蜿蜒曲折的海岸线长达 2.5 万千米，在峡湾的入海口分布着 15 万个大大小小的岛屿，故挪威也被称为"万岛之国"。

挪威以峡湾闻名，从北部的瓦伦格峡湾到南部的奥斯陆峡湾为止，一个接一个，这无穷尽的曲折峡湾和无数的冰河遗迹构成了壮丽精美的峡湾风光。挪威人视峡湾为灵魂，并以峡湾为荣，认为峡湾象征着挪威人的性格。峡湾给人带来的不仅是视觉冲击，更准确地说，应是心灵的震撼。

挪威峡湾的极光

乘坐一艘小船,在灰色的、壁垒森严的、恢弘的挪威峡湾中航行,就很容易明白瓦尔哈拉的传说和郁郁沉思的北欧之神是如何产生的。在阴霾多雾的日子,也不难想象在这神秘水域中的北欧海盗的长船,双桨沉浸在寂静的水中,阻挠挪威人去考察沿海地区更平缓的土地。"峡湾"是一挪威名词,其简单含义就是大海的一只手臂,地质学家采用该词,意指那种海岸线上狭长而深入内陆的被海水浸淹的缺口,这一术语已被那具有独特的、深入内陆且以陡峭的山脉为界的手指状海域的国家所采用。

斯堪的纳维亚的峡湾形成于数千年前的冰川时期,当时冰川磨蚀着流经的地表,在其所到之处刻蚀出 U 形谷。水体边缘的陡峭悬崖显示出被冰川擦蚀的真实痕迹,峡湾在其入海处较浅,因为冰川到那里时已耗尽了凿蚀基岩所需的能量。然而,并非所有的地质学家都能接受峡湾底部,如挪威的松恩峡湾,其最深点深约 1200 米,被认为远远低于海平面而不能全部用这种方式雕凿峡湾。

挪威松恩峡湾

峡湾出现在沿海,但其伸入到曾是巨大冰盖所在的内陆。在挪威,那些 1 万年前还处于至尊统治地位的冰盖,现已所剩无几;只有孤立的小片冰原,如松恩峡湾北部的约斯特谷冰原。冰盖的压力迫使冰在各自的山谷冰川中流向海洋,这种过程今天尚能在格陵兰岛西海岸巨大的南斯屈朗湾处看到。冰川依然流过峡湾的源头,形成蓝绿色的冰山,补给冰凉的水。

在挪威,峡湾造成陆上交通困难,处在峡湾两岸的村庄相距仅几千米,但走陆路有时相距几百千米。尤其在过去,有些居民点几无陆上交通可言,因为陡峭的峡湾不能建设永久性道路。

松恩峡湾、哈当厄尔峡湾、盖朗厄尔峡湾和吕瑟峡湾是其中最著名的四大峡湾,被美国《国家地理》杂志评为"世界未受破坏的自然美景之首",成为挪威的标志,从 19 世纪第一位旅游者涉足于此开始,已经深深地吸引了无数游览者。

## 松恩峡湾

松恩峡湾是挪威最大的峡湾,陡峭的崖壁插入地表以下 1200 米,在平整成高原之前,崖壁伸向天空 610 米。这一手指状海域,虽然宽度很少超过 5 千米,但长度却达 180 千米。它有几个支叉,包括奈略峡湾,这里的崖壁紧挤在一起,以致船只下行时似乎消逝在隧道中。大峡湾将其沿途塑造成光裸而荒无人烟的景色,直至挪威的最高山脉。沿途两侧的大部分山脉赫然耸立于水面之上,使其似乎终日处于黄昏暮光中。如果选择一个春天静谧的早晨,航行在平如镜面的松恩峡湾上,远处"七姐妹峰"上还覆盖着皑皑白雪,另一边的弗利亚瀑布倾泻而下,置身其中感觉真是恍入仙境。峡湾内部有许多值得一看之处,如世界铁路杰作之一著名的弗洛姆铁路、可直达古德旺根的轮渡观光等。有时能从船上看到附近野生的海豹。

# 第十一节　贝加尔湖

契诃夫曾经写道:"贝加尔湖异常美丽,难怪西伯利亚人不称它为湖,而称之为海。湖水清澈透明,透过水面像透过空气一样,一切都历历在目。温柔碧绿的水色令人赏心悦目。岸上群山连绵,森林覆盖。"

贝加尔湖

"贝加尔湖",中国古代称"北海",曾是中国古代北方民族主要的活动地区,汉代苏武牧羊即在此地。"贝加尔"一词源于布里亚特语,意为"天然之海"。位于俄罗斯东西伯利亚南部,是亚欧大陆最大的淡水湖。贝加尔湖约有2000万年历史,是世界上最古老的湖泊,它又是世界上最深的淡水湖。它于1996年被列入世界遗产名录。

贝加尔湖湖型狭长弯曲,宛如一轮明月镶嵌亚欧大陆上。它的水深1620米,湖长635千米,相当于阿伯丁与伦敦之间的距离,最宽处为79千米,最窄处为25千米,湖泊岸线总长1995千米。总蓄水量23600立方千米,相当于北美洲五大湖蓄水量的总和,约占全球淡水湖总蓄水量的1/5,比整个波罗的海的水量还要多,相当于地球表面淡水总量的20%。假设贝加尔湖是世界上唯一的水源,其水量也够50亿人用半个世纪。

没有到过贝加尔湖的人难以想象它的浩瀚壮观。站在贝加尔湖畔,远处的水面和天空融为一体,波浪不停地拍打湖岸所产生的白色浪花及时常出现的海燕,让人觉得仿佛来到大海边。

贝加尔湖的景色季节变化很大。夏季,尤其是8月左右,是它的黄金季节。这时节,湖水变暖,山花烂漫,甚至连石头也在阳光下闪闪烁烁,也像山花一样绚丽。太阳把萨彦岭重新落满白雪的远远的山峰照得光彩夺目。冬天的贝加尔湖,凄厉呼号的风把湖水表面化成晶莹透明的冰,水在冰下,宛如从放大镜里看下去似的,微微颤动,你甚至会望而不敢投足。春季临近之际,积冰开始活动,冰破时发出的巨大轰鸣和爆裂声似乎是贝加尔湖要吐尽一个

贝加尔湖的海鸥

冬天的郁闷和压抑。冰面上迸开一道道很宽的深不可测的裂缝,无论你步行或是乘船,都无法逾越,随后它又重新冻合在一起,裂缝处蔚蓝色的巨大冰块叠积成一排排蔚为壮观的冰峰。

在湖水向北流入安加拉河的出口处有一块巨大的圆石,人称"圣石"。当涨水时,圆石宛若滚动之状。相传很久以前,湖边居住着一位名叫贝加尔的勇士,膝下有一美貌的独女安加拉。贝加尔湖对女儿十分疼爱,又管

束极严。有一日，飞来的海鸥告诉安加拉，有位名叫叶尼塞的青年非常勤劳勇敢，安加拉的爱慕之心油然而生，但贝加尔断然不许，安加拉只好趁其父熟睡时悄悄出走。贝加尔猛醒后，追之不及，便投下巨石，以为能挡住女儿的去路，可女儿已经远远离去，投入了叶尼塞的怀抱。这块巨石从此就屹立在湖的中间。

贝加尔湖确实有很多美丽的地方，但又令人难以说出哪儿最美。在东岸，奇维尔奎湾像王冠上珍贵的钻石一样绚丽夺目。从湖的一侧驶向奇维尔奎湾，可看到许多覆盖着稀少树木的小岛，它们像卫兵似的保卫着湖湾的安全。湾里的水并不深，夏天在克鲁塔亚港湾还可以游泳。在西岸，佩先纳亚港湾像马掌一样钉在深灰色岩群之间。港湾两侧矗立着大大小小的悬崖峭壁。这里是非常适合疗养、度假的地方。在这里，可以看到被称为贝加尔湖自然奇观之一的高跷树。树的根从地表拱生着，成年人可以自由地从根下穿来穿去。它们生长在沙土山坡上，大风从树根下刮走了土壤，而树根为了使树生存下来，却越来越深地扎入贫瘠的土壤中，这是树的顽强和聪明。湖岸群山环抱，溪涧错落，原始森林带苍翠茂密，湖山相映，水树相亲，风景格外奇丽，被伟大的文学家契诃夫誉为"瑞士、顿河和芬兰的神妙结合"。

贝加尔湖不仅提供了扣人心弦的美景，还供养了令人眼花缭乱的大量的动植物种类，使她成为拥有世界上种类最多和最稀有淡水动物群的地区之一，而这一动物群对于进化科学具有不可估量的价值。贝加尔湖同时以它品种多样的本地动物和植物，成为世界上最具生物学变化的湖泊之一，堪称目前世界原生态的代表作。

据统计，这里已有记载的物种就有 2600 多种，令人惊讶的是其中960 种动物和 400 种植物是贝加尔湖的特有种。尽管湖泊很深，但湖水充分混合，部分原因是从 411 米深处涌上的热泉的作用。湖泊拥有 50 多种鱼类，包括像狗鱼和河鲈等人们熟悉的鱼种。但近一半的鱼是杜文鱼

37

贝加尔湖中的海豹

和其他特有种。两种胎生的贝加尔湖鱼通体透明,生活在约 503 米深处的完全黑暗的环境中。大多数鱼类生存于湖泊边缘浅水带。

贝加尔湖还有许多未解之谜。例如,湖水一点不咸,也就是说它与海洋不相通,但却生活着地地道道的海洋生物即海豹、海螺、海鱼和龙虾。在贝加尔湖里生活着世界上唯一的淡水海豹。冬季时,海豹在冰中咬开洞口来呼吸,由于海豹一般是生活在海水中,人们曾认为贝加尔湖由一条地下隧道与大西洋相连。实际上,海豹可能是在最后一次冰期中逆河而上来到贝加尔湖的。又如贝加尔湖里长有热带的生物,像贝加尔湖藓虫类动物,其近亲就生活在印度的湖泊里,贝加尔湖水蛭在我国南方淡水湖里才能见到,贝加尔湖蛤子,只生存在巴尔干半岛的奥克里德湖。

可能正是贝加尔湖的美丽神圣和她神秘的色彩,吸引一批又一批人来此一睹芳容吧。

# 贝加尔湖的海豹

贝加尔湖是世界上唯一存在这种小型淡水海豹的地方。海豹生长的长度仅有约 120 厘米,最重约为 73 千克,它有深色的毛皮,而小海豹代表着巨大的成功,而这个数字是从 20 世纪 30 年代因人类的掠夺而达到最低点时不断恢复起来的。

关于海豹的祖先如何到达贝加尔湖的问题是饶有兴趣的。被称作帕拉坦瑟斯的巨大内陆海曾伸入到现在的里海、黑海、咸海等地区,但没有迹象表明大海曾占据过西伯利亚的贝加尔地区。据认为,贝加尔海豹的祖先和种系较近的里海海豹均发源于此,当帕拉坦瑟斯收缩时,一些存留于里海中,而另一些逃入北冰洋。也有人推测在最近一次冰期时,当时叶尼塞——安加拉河流系统连接贝加尔湖并通向北冰洋,北冰洋的海豹通过迁移,有部分到达了贝加尔湖。

# 第8章

## 亚洲

# 第一节　珠穆朗玛峰

世界上再也没有另一个高度,能让人如此心驰神往,除了珠穆朗玛峰,还有哪一座山峰能如此深刻地铭记人类的攀登史。

珠穆朗玛峰

珠穆朗玛峰,简称珠峰,又意译作圣母峰,是喜玛拉雅山脉的主峰,以海拔 8844.43 米,称霸世界第一高峰,它是万山之尊、地球之巅,又被称为地球的第三极。珠峰地处中尼边界东段,北坡在中国西藏自治区的定日县境内,南坡在尼泊尔王国境内。

在藏语"珠穆朗玛"就是"大地之母"的意思。藏语"珠穆"是女神的之意,"朗玛"应该理解成母象(在藏语里,"朗玛"有两种意思:高山柳和母象)。在中国古老的神话传说中，珠穆朗玛峰是长寿五天女所居住的宫室。尼泊尔人却称其为"萨迦玛塔"。

珠穆朗玛峰既有举世无双的海拔高度，还有绚丽多姿的地形地貌和神奇勘测的自然奥秘。

珠穆朗玛峰山体呈巨型金字塔状，威武雄壮昂首天外，地形极端险峻，环境异常复杂。雪线高度：北坡为 5800～6200 米，南坡为 5500～6100 米。东北山脊、东南山脊和西山山脊中间夹着三大陡壁(北壁、东壁和西南壁)，在这些山脊和峭壁之间又分布着 548 条大陆型冰川，总面积达 1457.07 平方千米，平均厚度达 7260 米。冰川的补给主要靠印度洋季风带两大降水带积雪变质形成。冰川上有千姿百态、瑰丽罕见的冰塔林，又有高达数 10 米的冰陡崖和步步陷阱的明暗冰裂隙，还有险象环生的冰崩雪崩区。

高空俯视下的喜马拉雅山脉

珠峰不仅巍峨宏大，而且气势磅礴。在它周围 20 千米的范围内，群峰林立，山峦叠嶂。仅海拔 7000 米以上的高峰就有 40 多座，较著名的有南面 3000 米处的"洛子峰"（海拔 8463 米，世界第四高峰）和海拔 7589 米的卓穷峰，东南面是马卡鲁峰（海拔 8463 米，世界第五高峰），北面 3000 米是海拔 7543 米的章子峰，西面是努子峰（7855 米）和普莫里峰（7145 米）。在这些巨峰的外围，还有一些世界一流的高峰遥遥相望：东南方向有世界第三高峰干城嘉峰（海拔 8585 米，尼泊尔和锡金的界峰）；西面有海拔 7998 米的格重康峰、8201 米的卓奥友峰和 8012 米的希夏邦马峰，形成了群峰来朝、峰头汹涌的波澜壮阔的场面。

西藏的绒布寺坐落在珠峰的北麓即绒布冰川的末端，这里是观赏珠峰景色的最佳位置，也是珠峰攀登大本营附近唯一可以住宿的地方，多少人等在这里，想一睹珠峰的迷人神韵。但这人间罕见的美景，却成为很多人都永远无法企及的幻想。很多人这辈子都没有机会来到珠峰，有的人一辈子只此一次行程，不远万里赶来一睹珠峰容颜，却因为各种客观原因无缘相见，只能抱憾而去。珠峰总是这么神秘，这一刻它可能如雾一样朦胧缥缈，下一刻它可能在与天空交接，沐浴在阳光下，如蓝天一样高不可攀。

珠峰地区及其附近高峰环境复杂，气候复杂多变，即使在一天之内，也往往变化莫测，更不用说在一年四季之内的翻云覆雨。大体来说，每年 6 月初～9 月中旬为雨季，强烈的东南季风造成暴雨频繁，云雾弥漫，冰雪肆虐无常的恶劣气候。11 月中旬、翌年 2 月中旬，因受强劲的西北寒流控制，气温可达－60℃，平均气温在－40℃～－50℃之间。最大风速可达 90 米/秒。每年 3 月初～5 月末，这里是风季过渡至雨季的春季，而 9 月初～10 月末是雨季过度至风季的秋季。在此期间，有可能出现较好的天气，是登山的最佳季节。

即使珠峰的登顶之路，无论是冰雪还是岩石，总是处处陷阱，步步惊

前来挑战珠峰的登山者

心,但还是吸引了世界上无数的登山爱好者,很多人甚至不惜牺牲自己的性命。1953 年法国登山家埃德蒙·希拉里,作为英国登山队队员与 39 岁的尼泊尔向导丹增·诺尔盖一起沿东南山脊路线登上珠穆朗玛峰,是纪录上第一个登顶成功的登山队伍。1960 年 5 月 25 日,国人首次登上珠穆朗玛峰,也是首次从北坡攀登成功。

他们把生命作为赌注,用坚强的毅力来征服对自然的恐惧。他们的脚步凝聚了人生所有的理想与追求,每迈出一步,都需要披荆斩棘的勇气。他们不只是挑战自身的极限,还在探索自然的奥秘,一组组关于珠峰的测量数据,就是一个很好的证明,也是他们的无畏艰险给予的最好回报。

## 喜马拉雅山脉

喜马拉雅山是世界上最高大最雄伟的山脉。它耸立在青藏高原南缘,分布在我国西藏和巴基斯坦、印度、尼泊尔和不丹等国境内,其主要部分在我国和尼泊尔交接处。西起帕米尔高原的南迦帕尔巴特峰,东至雅鲁藏布江急转弯处的南迦巴瓦峰,全长约 2500 千米,宽 200~300 千米。

藏语"喜马拉雅"即"冰雪之乡"的意思。喜马拉雅山脉包括世界上多座最高的山,有 110 多座山峰高达或超过海拔 7300 米。其中之一是世界最高峰珠穆朗玛峰,高达 8844.43 米,这些山的伟岸峰颠耸立在永久雪线之上。

45

# 第二节 雅鲁藏布大峡谷

或许这是一次需要压上全部赌注的危险旅程,但是它深邃的存在却永远不会让你后悔,这就是雅鲁藏布大峡谷。

从太空俯瞰地球,在号称"世界屋脊"的西藏高原南部有一条深深的伤疤,这就是雅鲁藏布大峡谷。

雅鲁藏布大峡谷位于在雅鲁藏布江下游,江水绕行南迦巴瓦峰,峰回路转,作巨大马蹄形转弯,在这里就形成了一个巨大的峡谷。1994 年,中国科学家们对大峡谷进行了科学论证,以综合的指标,确认雅鲁藏布干流

雅鲁藏布江穿越大峡谷

上的这个大峡谷为世界第一大峡谷。雅鲁藏布大峡谷北起米林县的大渡卡村(海拔 2880 米),南到墨脱县巴昔卡村(海拔 115 米),雅鲁藏布大峡谷长 504.9 千米,平均深度 2800 米,最深处达 6009 米。曾被列为世界之最的美国科罗拉多大峡谷(深 1800 米,长 440 千米)和秘鲁的科尔卡大峡谷(深 3203 米),都不能与雅鲁藏布大峡谷等量齐观,是不容置疑的世界第一大峡谷。

　　整个峡谷地区冰川、绝壁、陡坡、泥石流和巨浪滔天的大河交错在一起,环境十分恶劣,也正是这险恶的环境造就了峡谷的险秀壮美。

　　绵长纵深的大峡谷给人以奇特的地质美感,人们往往惊讶于它马蹄状的奇特造型。从空中俯瞰峡谷,河流行走在众多山脉之间,看似为群山阻隔,而实际却是从缝隙中自由穿梭,仿佛一条奔腾的巨龙。马蹄形的拐弯更使得水流更加汹涌奔腾,有一股"碧水东流至此回"的气势。

　　在大峡谷核心河段,从西兴拉往下到迫隆藏布汇入口扎曲的 20 余千米河段内,峡谷多处急转弯,河床特别陡峻,坡降平均达到 23‰,实测峡

大峡谷内风貌

谷嵌入基岩的河槽最狭处仅 35 米,洪枯水位高差达到 21 米,形成了四个巨大的峡谷瀑布群。

### 绒扎瀑布

位于距迫隆藏布汇入口约 6 千米的干流河床上,海拔 1680 米;瀑布群共有 7 级,最大瀑布相对高 30 米,宽 50 米,在相距 200 米之间形成总落差 100 多米,江面上浪花四溅,涛声轰鸣,彩虹时隐时现。"绒扎"在门巴语中的意思是峡谷之根。

### 秋古都龙瀑布

秋古都龙瀑布位于距迫隆藏布汇入口 14.6 千米的主干河床上,海拔 1890 米,最大者相对高差 15 米,宽 40 米左右;主体瀑布上下 600 米的河床上还有 3 处 2～4 米高的小瀑布和 5 处跌水;主体瀑布南岸陡壁上,有 1 条宽 1 米、长 50 米的河岸瀑布,飞瀑从高山上直接泻入雅鲁藏布江,景象壮观。

### 藏布巴东瀑布

藏布巴东瀑布实际为两个瀑布群。位于西兴拉山下,距迫隆藏布汇入口约 20 千米河床上,海拔 2140 米;在相距 600 米的河床上,这里出现两处瀑布,分别高 35 米(瀑布群二)和 33 米(瀑布群一),前者宽仅 35 米,为雅鲁藏布大峡谷中最大的河床瀑布。

此外,在白马狗熊以下河床上,20 世纪 20 年代英国植物学家 F. K. Ward 提到的"虹霞瀑布",考察时证实遗址只剩下 4 处跌水残留。专家认为可能是 1950 年 8 月 15 日发生的 8.5 级地震使它消失的。

大峡谷不仅在地貌景观上异常奇特,而且又是世界上具有独特水汽通道作用的大峡谷,造就了青藏高原东南缘奇特的森林生态系统景观。这条水气通道使大峡谷积蓄了巨大的水能资源,使热带气候带在青藏高原东南地区向北推移了 5 个纬度,缩小了南北自然带之间的明显差异;同时造成了大峡谷地区齐全完整的垂直自然带分布,由高向低,从高山冰雪带到低河谷热带季风雨林带,宛如从极地到赤道或从我国东北来到海南岛一样。站在这里你可以发现,高山雪线之下是高山灌丛草甸带,再向下便是高山、亚高山常绿针叶林带,继续向下便是山地常绿、半常绿阔叶林带和常绿阔叶林带,进入低山、河谷是季风雨林带。这里的季风雨林不同

峡谷内的森林

于赤道附近的热带雨林,它是在热带海洋性季风条件下形成的有明显季节变化的雨林生态系统。这里是世界上山地垂直自然带最齐全丰富的地方,也是全球气候变化的缩影之地,可以说是"一日之内,一山之间,而气候不齐"。

由于大峡谷有独特的水汽通道作用,促使这里形成多种多样的气候种类,生物资源自然也十分丰富。

大峡谷地区可以说是青藏高原最具神秘色彩的地区,因其独特的大地构造位置和丰富生物物种资源,被科学家看作是"打开地球历史之门的锁孔"。但是,大峡谷内的地形十分复杂,环境极度恶劣。在人类文明的很长时期内,雅鲁藏布大峡谷的探索历史一直都处于空白。

1998 年 10 月,由科学家、新闻工作者和登山队员组成的中国科学探险考察队,历时 40 多天,穿行近 6000 千米,在深山密林、悬崖陡峭、水流湍急的雅鲁藏布大峡谷区域开展了异常艰辛的科学探险考察活动,并实现了人类首次徒步穿越雅鲁藏布大峡谷的历史壮举。这次科考活动不仅填补了这一历史空白,而且科考收获颇丰。在地质、水文、植物、昆虫、冰川、地貌等方面,取得了丰富的科学资料和数千种标本样品,为大峡谷的资源宝库增添了新的内容。尤为值得称道的是,此次考察中不仅确认了雅鲁藏布江干流上存在的瀑布群及其数量和位置,而且发现了大面积濒危珍稀植物——红豆杉、昆虫家族中的"活化石"——缺翅目昆虫。野生原始天然红豆杉林在世界上分布不多,中国此前也只有在云南、四川等少数区域有所发现,像雅

谷内发现的天然红豆杉

49

鲁藏布大峡谷地区这样大面积保存完好的天然红豆杉林实属罕见。而缺翅目昆虫的发现极具历史意义。这是一种原始的昆虫，是昆虫家族中的活化石，原本生活在非洲等地赤道附近及南北回归线热带雨林中，后随澳洲板块、印度板块和欧亚板块拼合漂移，目前在世界其他地区已经灭绝，仅在雅鲁藏布大峡谷的特殊环境中残存下来。种种发现表明雅鲁藏布大峡谷地带是世界上生物多样性最丰富的山地，是"植物类型天然博物馆"、"生物资源的基因宝库"。

　　大峡谷除了丰富的水资源和物种资源外，还具有丰富的森林资源。雅鲁藏布江流域除了有濒危珍稀的红豆杉，在波密、察隅、珞瑜等地，海涛般的森林随着山峦起伏。有原始森林 264.4 万公顷，木材蓄积量 8.84 亿立方米。茫茫林海中，树龄 200 多年的云杉，平均直径有 92 厘米，平均树高 57 米，有的高达 80 米，直径 2.5 米，一棵树就可加工出 60 立方米的木材。虽然这里有丰富的自然资源，但是作为全球独一无二的生态系统，我们也不能在利益的驱使下肆意而为。

　　雅鲁藏布大峡谷对世人有着神奇的魅力，独特的环境和丰富的自然资源是我们祖国的珍贵财富，也是全人类的珍贵自然遗产。

# 水汽通道

　　雅鲁藏布大峡谷不仅地貌景观异常奇特，而且还具有独特的水汽通道作用。在这条水汽通道上，年降水量为 500 毫米的等值线可达北纬 32°附近，而在这条水汽通道西侧，500 毫米年降水量等值线的最北端仅为北纬 27°左右。两者相差 5 个纬度左右。这就意味着，由于这条水汽通道的作用，可以把等值的降水带向北推进 5 个纬度之多。

水汽通道还使大峡谷地区的雨季提早到来。一般来说,西藏地区喜马拉雅山脉北侧的雨季在 6 月末 7 月初开始,沿这条水汽通道,雨季都在 5 月或 5 月之前开始,此通道两侧提早 1 个月到 2 个月。

水汽通道还庇护了峡谷地区一些古老的生物物种。在这条通道地区,保存了苔藓类植物活化石——藻苔、蕨类植物的活化石——桫椤、白桫椤和喜马拉雅双扇蕨、裸子植物的活化石——百日青、短柄垂子买麻藤和云南红豆杉等。

# 第三节　黄河

在中国北部的大地上,湍急流淌着一条几字形的黄色河流,它就是黄河。

黄河,中国的母亲河,若把祖国比作昂首挺立的雄鸡,黄河便是雄鸡心脏的动脉。

黄河九曲第一弯

黄河发源于青藏高原东部边缘的巴颜喀拉山,它像一头脊背穹起、昂首欲跃的雄狮,从青藏高原越过青、甘两省的崇山峻岭;横跨宁夏、内蒙古的河套平原;奔腾于晋、陕之间的高山深谷之中;破"龙门"而出,在西岳华山脚下掉头东去,横穿华北平原,急奔渤海之滨。它流经9个省、区,汇集了40多条主要支流和1000多条溪川,行程5464千米,流域面积达75万多平方千米,是中国第二长河。

黄河源头区风光

黄河的名称得自它的水体颜色。河流由于挟带了从流经的黄土地区冲刷下来的大量泥沙而变黄。过去,由于河水经常泛滥给沿岸人民带来无数的灾难。事实上,在过去2000年中,黄河曾1000多次冲垮河岸和堤坝,至少经历了20多次重大的改道。但是,像许多世界主要河流一样,当洪水撤退后,田地又获得新的生命,重新沉积的大量泥沙使河道淤积得更高。

黄河上游的1175千米河段,位于偏远的、人烟稀少的地区。它从青藏高原流到内蒙古的沙漠平原,越过许多湍流和深谷,水位下降了2440多米。然后它流经黄土高原,并在黄土中切割出很深的沟谷,直至它流到鄂尔多斯沙漠的冲积平原时,由于落差和流量急剧下降才减缓了它的切割冲刷作用。当其向南流时,便又加快流速,并进入了狭窄的峡谷,最后它又一次折向东流,并连续通过几个秦岭山脉东部的山峰。一旦进入华北平原,流速重又减慢,河道展宽,部分河段水位要高出周围平原3米以上。这是最易受黄河频频暴发大洪水造成灾害的地区。

黄河是世界上泥沙含量最多的河流之一,每立方米的水中约携带34千克泥沙,而尼罗河仅为1.18千克,科罗拉多河则达10千克。洪水暴发时黄河每立方水中可挟带多达712余千克的泥沙,占其体积的70%左右。这些数据意味着黄河每年携带大量泥沙入海。黄河负荷如此巨大的部分原因是其流速较快,即使在流经平原上广泛的灌溉系统时,流速依然如此。

黄河湿地景观

除下游161千米的河段外,黄河不能通航,但是三门峡大坝的修筑,营造了一个长210千米的水库和一座100万千瓦的水电站,和其他几个已规划的大坝一起,它将增加主流及一些支流的通航里程。

黄河流域面积辽阔,在这几千米的流程中,黄河塑造了各种湿地、瀑布等各种各样的景观。它不仅是中华文明的摇篮,也是整个黄河生态系统的基础,但是,由于沿河流域人们对黄河资源的过度索取,我们已经很难看到它昔日的风采了。保护这条母亲河，就是保护我们自己，所以，让我们一起联手来重现母亲河昔日的壮美姿态吧。

# 黄　土

　　沙漠尘暴是风作为一种侵蚀力的生动例子，然而，所有的沙尘飘落何处呢？随着风速下降，大颗粒的沙粒下沉，但是，轻的尘土颗粒可以被携带至很远的距离。在这些风吹尘土积聚的地方，即形成所谓的黄土。中国北方的大部分地区为西部沙漠地区吹来的黄土所覆盖。一旦草植根于尘土，堆积得越厚，根系死亡的深度越深并钙化，这更有助于固结土壤。大部分现代黄土土壤的开始发育是由于最后一次冰期的冰盖消融而显露出大面积的细粒冰碛物，而后又因裸露而风化。

　　黄土土壤非常肥沃，中国许多地方的黄土都被广泛地开垦成梯田来种植谷物。黄土松软易碎，但若无外界干扰则较为稳定，许多民居就经常挖筑在黄土的陡崖上。另一方面，若黄土地区发生地震，由于整个山坡下滑，将造成不可估量的损失，毁坏窑洞，阻塞河道，随后的洪水泛滥会引起进一步的破坏和滑坡。在中国的甘肃省，20世纪20年代的两次地震导致30万人死亡，绝大多数间接死于黄土土壤的毁坏。然而，对于当地人来说，肥沃的黄土所带来的直接好处比长周期的自然灾害概率更为重要。

54

# 第四节　桂林山水

"人在江中游，如在画中行。"山水环抱的桂林，如诗如画。

桂林山水

　　桂林，位于我国广西东北部，地处漓江西岸，以盛产桂花、桂树成林而得名。桂林典型的喀斯特地形构成了别具一格的山水风景。桂林山水有奇丽俊秀的风貌、宏伟博大的气势、气象万千的姿态、含蓄深长的意趣，极富浪漫色彩和诗画情趣，并以山青、水秀、洞奇、石美，而享有"山水甲天下"的美誉。

　　桂林的山大多平地拔起，姿态奇异，像老人、骆驼、骑马、象鼻、独秀、童诸山都惟妙惟肖。石山、峰丛、峰林、孤峰，星罗棋布，疏密有致，森列无际。宋朝著名诗人范成大称其:"桂山之奇,宜为天下第一。"

独秀峰

王城内的独秀峰位于桂林市市中心,群峰环列,为万山之尊。南朝文学家颜延之咏独秀峰的诗"未若独秀者,峨峨郛邑间"是现存最早的桂林山水诗歌。其峰顶是观赏桂林全城景色的最好去处,登上峰顶,纵目眺望,峰林四立,云山重叠,仿佛置身仙境。登上峰顶自古以来为名士所向往,明代大旅行家徐霞客在桂林旅游有一月有余,却因未能登上此峰而遗憾。

在桂林市东南漓江右岸,有一座山酷似一只大象站在江边伸鼻吸水,因此得名为"象鼻山",是桂林的象征。由山的西面拾级而上,可达象背。山上有象眼岩,左右对穿酷似大象的一对眼睛,由右眼下行数十级到南极洞,洞壁刻"南极洞天"四字。再上行数十步到水月洞,高1米,深2米,形似半月,洞映入水,恰如满月,到了夜间明月初升,象山水月,景色秀丽无比。宋代有位叫蓟北处士的游客,以《水月》为题,写下这样的绝句:"水底有明月,水上明月浮。水流月不去,月去水还流"。象鼻山有历代石刻文物50余件,多刻在水月洞内外崖壁上,其中著名的有南宋张孝祥的《朝阳亭记》、范成大的《复水月洞铭》和陆游的《诗礼》。盘石级而上，直通山顶，即见一座古老的砖塔矗立山头。远看，它好像插在象背上的一把剑柄，又像一个古雅的宝瓶，所以有"剑柄塔"、"宝瓶塔"之称。此塔建于明代，高13米，须弥座为双层八角形，雕有普贤菩萨像，因名"普贤塔"。

象鼻山

桂林无山不洞，2000多岩洞大都有奇异洞景。七星岩和芦笛岩都是驰名已久的自然艺术宫殿。

七星岩在桂林七星公园普陀山西麓山腰处。因这里的七座山峰而得名。七星岩又叫栖霞洞、碧虚岩。这里原来是一段地下河道，后来地壳运动，河道上升，露出地面，成为岩洞，今已有100多万年的历史。在漫长的岁月里，雨水沿洞顶不断渗入，溶解石灰石，并在洞内结晶，于是形成了千姿百态、玉雪晶莹的石钟乳、石柱、石笋、石幔。

七星岩分上、中、下3层。上层仅存老君台等残存的洞迹，下层是脚下仍在发育的地下河，现在供我们游览的是中层。游程814米，最高处

27米,最宽处49米,洞内温度常年保持在20℃左右。有老人看戏、五谷丰登、古榕迎宾、白兔守门、仙人晒网,巨石镇蛇、九龙戏水、银河鹊桥等多达35处景观,景观瑰丽奇绝、妙趣横生、栩栩如生。被视为"神仙洞府""第一洞天"。

漓 江

芦笛岩位于桂林市西北部光明山的南侧山腰处,因洞口过去长满可制成笛子的芦荻草而得名。芦笛岩与七星岩同属岩溶洞穴,二者却风格迥异,前者玲珑瑰丽,后者雄伟壮观。芦笛岩洞内最高处18米,最宽处93米,游程500多米,洞内的景物多姿多彩、千奇百怪,有从洞顶垂下的石乳,有从地上向上生长的石笋,还有石乳与石笋连接而成的石柱;那些被大自然雕琢成不同形状的,则被人们叫做石幔、石枝、石花、石瀑等;有些石头内空,敲打时会发出悦耳的声响,根据其声音的高低,分别称做石琴、石鼓、石钟等。由这些千变万化、千差万别的钟乳石构成了芦笛岩内的4个洞天:"石幔层林"、"天柱云山"、"水晶宫"和"曲径画廊",而当游人置身于"狮岭朝霞"、"高峡飞瀑"、"塔松傲雪"等一个个神秘虚幻的景观时，仿佛是在神话世界里周游一般。芦笛岩是桂林众多奇妙岩洞中最璀璨的明珠之一，不愧为"大自然艺术之宫"。

桂林的山因为水的衬托而显得更加迷人。桂林的水，清澈碧透，山水相依，穿城过镇。这里有漓江、桃花江和榕杉湖，而其中尤以漓江水最美。清澄的漓江及其支流萦绕回环于秀峦奇峰之间，从桂林至阳朔的漓江两岸，峰峦峭拔连绵，绿水平滑如镜。

桂林山水甲天下，阳朔山水甲桂林。婉约柔美的桂林山水抓住了来往于这里的每一个人的心。

## 喀斯特地貌

喀斯特地貌是具有溶蚀力的水对可溶性岩石进行溶蚀等作用所形成的地表和地下形态的总称，又称岩溶地貌。除溶蚀作用以外，还包括流水的冲蚀、潜蚀，以及坍陷等机械侵蚀过程。"喀斯特"一词源自前南斯拉夫西北部伊斯特拉半岛碳酸盐岩高原的名称，意为岩石裸露的地方，"喀斯特地貌"因近代喀斯特研究发轫于该地而得名。我国桂林山水就属于典型的喀斯特地貌。

# 第五节　喀拉喀托火山

　　诗人坦尼森在一首诗中这样写道"一天又一天,经过多少个血红的傍晚……怒气冲冲的落日在闪烁。……"这便是对喀拉喀托火山喷发的描写,也是有记载以来最猛烈的火山喷发之一。

　　100多万年以前,在印度尼西亚爪哇岛和苏门答腊岛之间的海域形成了一座锥形火山。多年的喷发毁掉了火山顶。新的火山锥又在海面上升起,并形成了一座长9千米,高813米喀拉喀托岛,也就是著名的喀拉喀托火山。

喀拉喀托火山

喀拉喀托火山处在地壳的两大板块的相汇处,构成印度洋洋底的板块迫使自己向板块下面俯冲。在 3218 千米长的整个俯冲带沿线有众多的火山,其中喀拉喀托火山是最著名的。据知,该火山曾在公元 416 年就曾爆发过,导致当地居民的死亡。多少个世纪以来,喀拉喀托火山一直隆隆作响。

火山活动力的强弱,不是由火山的大小高低所决定的,印度尼西亚的喀拉喀托火山虽然不很大,但活动力极强,其 1883 年的大爆发,震动了世界。其强大的爆炸力,据专家估计相当于投掷在日本广岛的原子弹的100 万倍。其爆发产生的轰鸣声,使远在 3000 千米以外的澳大利亚也听到了。这次大爆炸使原岛(即原喀拉喀托火山)在水上的 45 平方千米土地,约有 2/3 陷落到了水下。

喀拉喀托火山喷发瞬间

在火山爆发期间,其喷发物散落到半径约为 237 千米的范围内,在喀拉喀托周围 74～93000 米距离内的岛屿均遭到了灼热喷发物的侵袭。有人形容这次大爆发是“声震一万里,灰撒三大洋”。喀拉喀托火山强烈喷发之后,估计有 20.5 立方千米的岩石和尘埃被抛向高空的大气层中,致使火山晕环绕着地球,各地的气温因尘埃挡住了太阳光线而下降,壮丽的日落红辉景象远在伦敦和美国西海岸都能看到。在此后的一年中,太阳和月亮看上去常呈绿色或蓝色。正如坦尼森描述的那样,落日变成鲜艳夺目的红色。

爆发还引起了强烈的地震和海啸,海啸激起的狂浪高达 20～40 米,超过 10 层楼高,致使海水侵入到爪哇和苏门答腊岛的内地,摧毁了 295 个村镇,夺去了约 50000 人的生命。

地震和海啸引起的狂浪,还冲出海峡,冲决了印度加尔各答和澳大利亚帕斯等大海港,甚至冲到了南非好望角等地以及西欧海岸。据说狂浪从喀拉喀托冲出,到达西欧海岸时,全程只用了 32 小时,在此期间,汹涌的狂浪共沉没了各种船舰约 6500 艘。在船舰上遇难的人们,多数是莫名其妙、不知所以。

1883 年灾难的实际后果是:当时那些生活在火山附近岛上和库洛角半岛上的人们或死于非难,或流离失所,这些地区曾被荒弃。在没有人去开发的情况下,爪哇的野生生态开始逐渐恢复。目前这一地区现为库洛角国家公园。

国家公园包含许多外来的动物和鸟类。豹生活在这里,但很有戒心且很少露面,至少有 8 种色彩明丽的翠鸟将公园作为它们的家园。沼泽地区是跳跳鱼、鸟蜘蛛、招潮蟹以及红树林金环蛇的理想栖息地,另外还有大蝴蝶和飞蛾在公园的花丛中飞来飞去,有些大至 20 厘米宽,装扮着橘黄、红色和黄色等一系列眩目的色彩。

62

# 火山的形成

火山是地球处于不断的变化中的地壳内部喷出的岩浆和碎屑物质堆积成的山体,而地壳下面依然是熔融的岩石。地壳是由处在不断运动中的坚硬的构造块所构成。当两块板块相撞时,引发的压力导致山体的形成;当两块板块分离时,熔融的岩石(或称岩浆)上升并充填裂缝。而这些裂隙或气孔,常常存在于陆上或海下两个构造板块的相汇处。火山通常被分为活火山、休眠火山和死火山。

地壳与地核之间是地幔,它含有岩浆。由于板块构造运动撞上了岩浆腔,就迫使岩浆向近地表移动。压力增加就迫使岩浆处溢出。

人们最常见、最熟悉的火山是锥形火山。它内部的岩浆沿喷气孔流出并凝固成岩石,在火山口顶端留下一圆锥形。当火山再次喷发,第二层火山灰和熔岩沉积在第一层的顶部,火山就这样长大了。由火山腔内压力增加所形成次要的喷气孔常出现于火山的锥体上。

# 第六节　富士山

　　这是一座典型的层状火山，它分层选置以及近乎完美的对称美，让前来这里的每一个人都为之折服。

　　远古时期有位伐竹老人，在山林深处的竹林发现了一个大约三寸的小女孩。带回家3个月以后，小女孩出落成了美丽非凡的姑娘，招来许多青年男子向她求婚，甚至连皇帝也加入了求婚的行列，但都遭到了拒绝。

　　原来，小女孩是天上的仙女，因犯戒被贬下凡赎罪。第三年的八月十五，月圆之夜，她赎罪期满，重返了天宫。行前，她留给了皇帝一包长生不老的药。而伤心过度的皇帝命人把药放在离天最近的地方烧掉。可这包药总也烧不尽，总是冒着烟。这座被选中烧药的山名为"不死"或"独一无二"之山。

　　富士山位于日本本岛——本州岛岛上，距首都东京西南97千米，跨静冈、山梨两县，面积为90.76平方千米。它是日本最高的山峰，高3798米，是构成日本文化的重要中心。

　　富士山的名字发音"FUJI"，是来自日本少数民族阿依努族的语言，意思是"火之山"或"火神"，说明人们曾亲眼见过当时火山喷发的景象。富士山是一座休眠火山。据传是公元前286年因地震而形成的。自公元781年有文字记载以来，共喷发过18次，最后一次是1707年，此后变成休眠火山。

　　由于火山口的喷发，富士山在山麓处形成了无数山洞，有的山洞至今仍有喷气现象。最美的富岳风穴内的洞壁上结满钟乳石似的冰柱，终年

美丽的富士山

不化,被视为罕见的奇观。山顶上有大小两个火山口,大火山口,直径约800米、深200米。

富士山的北麓有富士五湖。从东向西分别为山中湖、河口湖、西湖、精进湖和本栖湖。山中湖最大,面积为6.75平方千米。湖畔有许多运动设施,可以打网球、滑水、垂钓、露营和划船等。湖东南的忍野村,有涌池、镜池等8个池塘,总称"忍野八海",与山中湖相通。河口湖是五湖中开发最早的,这里交通十分便利,已成为五湖观光的中心。湖中的鸬岛是五湖中唯一的岛屿。岛上有一专门保佑孕妇安产的神社。湖上还有长达1260米的跨湖大桥。河口湖中所映的富士山倒影,被称作富士山奇景之一。

西湖又名西海,是五湖中环境最安静的一个湖。据传,西湖与精进湖原本是相连的,后因富士山喷发而分成两个湖,但这两个湖底至今仍是相通的。岸边有红叶台、青木原树海、鸣泽冰穴、足和田山等风景区。精进湖是富士五湖中最小的一个湖,但其风格却最为独特,湖岸有许多高耸的悬崖,地势复杂。本栖湖水最深,最深处达 126 米。湖面终年不结冰,呈深蓝色,透着深不可测的神秘色彩。

富士山的南麓是一片辽阔的高原地带,绿草如茵,为牛羊成群的观光牧场。山的西南麓有著名的白系瀑布和音止瀑布。白系瀑布落差 26 米,从岩壁上分成十余条细流,似无数白练自空而降,形成一个宽 130 多米的雨帘,颇为壮观。音止瀑布则似一根巨柱从高处冲击而下,声如雷鸣,震天动地。富士山也称得上是一座天然植物园,山上的各种植物多达 2000 余种。

坐落在顶峰上的圣庙——久须志神社和浅间神社是富士箱根伊豆国立公园的主要风景区,也是游人常到之地。每年夏季到山顶神社观光的国内外游客数以千计。

樱花掩映下的富士山

富士山被日本人民誉为"圣岳",被看作是日本民族的象征,日本人精神的浓缩。整个山体呈圆锥状,一眼望去,恰似一把悬空倒挂的扇子,日本诗人曾用"玉扇倒悬东海天"、"富士白雪映朝阳"等诗句赞美它。它也经常被称作"芙蓉峰"或"富岳"以及"不二的高岭"。自古以来,这座山的名字就经常在日本的传统诗歌《和歌》中出现。

也正是如此,富士山的美丽在于其近乎于完美的形状,锥形顶部则永久积雪。晴朗的日子里,美丽壮观的景象主宰着周围的景观,拂晓和日落时山体呈现虚无缥缈的特性,弥漫着玫瑰色——粉红色的光芒。富士山祥和、宁静的景象被看作是众神之家。日本神道教的信徒崇拜自然的美,因此富士山春色,后有山为背景,低处樱花盛开,对许多日本人来说是一种十分感人的体验。

# 断层线

构成太平洋"火环"上众多火山,是由于洋壳潜没在邻近的陆壳之下形成的。火山弧背靠深海沟是典型的组合,有些地方,主横推断层和洋壳的消蚀联系在一起,加利福尼亚的圣安德烈斯断层就是最著名的例子。断层以偏斜的角度从海上进入陆地,途经旧金山,断层西南侧地面正在不断移动并缓慢地超越其东北侧的地面,驱使该断层移动的压力是较稳定的,但地壳的强度仅能抗衡到某种程度,过后它就断裂并释放能量。当它断裂时就发生地震,张力积累的程度将支配地震的强度。

# 第七节　死海

这是世界上最低的咸水湖，它就像大地心窝里的一汪泪水，给悲伤的人们以救赎。

死　海

世界上有这样一种海域，即使不会游泳的人也可以在这里的海水漂浮着，这就是死海。死海是以色列和约旦之间的内陆盐湖，是地球上最低的水域，水面平均低于海平面 400 米。它的北半部属于约旦；南半部由约旦和以色列瓜分。然而在 1967 年以阿战争后，以色列军队一直占领整个西岸。

尽管约旦河和几条小河每天排入死海的水量多达 700 万吨，然而约且河谷的酷热迅速蒸发水分，没有水外流。流入死海的矿物质和盐分却留了下来，使它成为世界上最咸的湖泊之一。其矿物质含量约为30%，而世界上大部分海洋的含盐量约为3.5%。

根据《创世纪》中记载，远古时期，这里是一片大陆，由于人的恶习难改，而成为上帝眼中的罪恶之城。上帝把这块土地变成了一片汪洋大海，淹没了所有的城市和村庄，让这里生生世世再也没有淡水来供人生存。或者，这样的惩罚对于上帝和人来说都是不堪忍受的，以至于当人们谈论四海的时候，有这样具体的说法："大地心窝里的一汪泪水。"

游客在死海海面漂浮

其实,死海本是地中海的一部分,在地壳运动中与地中海分离,东西两岸被悬崖峭壁束缚,再也无法与大海相通。所以,死海在名义上是海,实际上却是一个大的内陆盐水湖。

死海常呈现出金属般的暗蓝色,因为盐使水变稠,现出油质的外观,微风无法吹皱湖面。没有鱼能在极咸的水中生存,但科学家发现死海根本没有死,它供养了大量喜盐的细菌。在死海游泳是很奇妙的,高盐度确保浮力不成问题,游起泳来如同舒服地坐在水上,就像坐在一袋豆上那样简单。盐的浓重味道会刺激舌头,当盐水触及皮肤时,即便是再小的伤口也会刺痛。

湖的南部有温泉和富集黑泥的水塘,黑泥长期来一直具有药疗功能,希律王曾用这种水沐浴治病。旅游业的发展导致一排排颇具特色的旅馆得以兴建,使得旅客能舒服地在空调浴室内享受泥浴,而不必去面对灼热、眩目的死海岸滩。

像湖体一样,死海沿岸也十分引人注目。在许多地方,水蒸发后留下包着盐壳的巨大薄饼关龟裂泥土,其后是干褐色的山丘,呈锯齿隆起的土灰色山峰。更北的干旱山地显得很红,有时在午后阳光照射下变为鲜艳的腥红,而盐柱则屹立在湖泊的最南端。

有一根盐柱与传说有关。《圣经》中的故事使人回想起所多玛和蛾摩拉城,当时那里充斥罪恶。罗得是一个正直的人,他得到了为要惩罚城市而将城市毁灭的警报,他即带领家人逃离。据说,神又警告说逃离时不准回头张望,否则要受惩罚。可是罗得的妻子抵制不住强烈的好奇念头,回头看了最后一眼,于是她就变成一根巨大的盐柱,耸立在现塞多姆镇附近的地方。

死海是一奇异而神秘的地方,它也是一个没有鸟鸣的寂静之处,不断的蒸发常使湖泊笼罩在神秘的烟雾中。但随着大量的蒸发,死海的湖水也正在悄无声息地消失着,不知道在未来的一天,死海是否会真正消失,成为真正的"死海"。

### 梅扎达与罗马人

在巨大的岩石基座上俯瞰死海,希律王朝实际上建立在四周均为陡崖的攻不破的梅所达要塞上。要塞最大的威胁是缺水,但打入岩石的深井,始终能确保其自身的供水。房屋、大厅和难以攻克的防卫墙布阵等废墟,以及希律王室的"欢乐宫"和一个带大浴室的广阔的厅堂均已被挖掘。

# 第八节　棉花堡

有人说,土耳其就好像是一个气质优雅的古典美女,轻轻走出历史的帷幕,展现给我们无尽的风韵与内涵。棉花堡就是这里永不融化的雪山。

棉花堡在土耳其文中是 Pamukkale 是由 Pamuk(棉花)和 Kale(城堡)两个字组成的,棉花是指其色白如棉,远看像棉花团,其实是坚硬的石灰岩地形。它由整个山坡构成,一层又一层,形状像城堡,故得名棉花堡。

有这样一则传说:当年,英俊的牧羊人安迪密思为了与希腊月神瑟莉妮幽会而忘记了挤羊奶,致使恣意横流的羊奶覆盖了整座山丘,这便是土耳其棉花堡的由来。那多情的牧羊人自然不知道是自己亲手制造出了这个人间仙境。世人今天看到棉花堡仍旧会惊讶于它的美丽和奇特。

实际上,棉花堡的形成正是由于地下温泉水不断从地底涌出,其中含

棉花堡

有丰富的矿物质。温泉自洞顶流下,将山坡冲刷成阶梯状,平台处泉水蓄而成塘,人们可坐在里面泡温泉,既解乏,又健康;泉水中的矿物质沉淀下来,把整个山坡染成白色,像露天溶岩。从上往下看,一方方温泉平台像一面面镜子,映照着蓝天白云;从下往上看,像刚爆发完的火山,白色的岩浆覆盖了整个山坡,颇为壮观。

自罗马帝国时期,人们就已经开始利用温泉进行治疗,如今棉花堡的部分石灰岩因为受污染,已变成黄色、灰色,雪白的棉花有点像用过的棉花。而修建在附近的温泉酒店,也截取了部分水源,导致棉花堡水量巨减。缺水、变质,成了棉花堡的最大遗憾。棉花堡的泉水深浅不一,有些只没过脚踝,有些可达腰部。水温终年保持在 36℃～38℃,水的酸碱值大概 6 左右。

据科学鉴定,泉水富含钙、镁等矿物质,以 400 千克/秒的速度流动,不但对风湿、皮肤病、妇科病、消化不良及神经衰弱等有神奇疗效,泉水还可饮用。不过,看到别人赤脚在里面走来走去,应该不会有人去尝试喝它。

如果你来到棉花堡,那你绝对不能错过棉花堡的日落,当太阳的光芒一点点由金色变成绯红、殷红、桃红、玫瑰灰,棉花堡会像一朵最绮丽的莲花,幻化出难以置信的光影奇迹:白色的岩面会被阳光点染出淡淡的色彩,而岩面中水波则忠实地记录下天空变幻的奇异色彩。

登上山巅,会意外地发现,这并不幽深的谷底竟然也会有云海出现,而且居然是世界上最美最瑰丽也最难得一见的云海!

阳光下美轮美奂的棉花堡

棉花堡除了有独一无二的温泉,其附近的古迹同样不胜枚举。希拉波利斯古城是公元前 190 年白加孟国王欧迈尼斯二世所创建的具有古希腊和古罗马风格的古城,大型的罗马剧场就有 2 座。公元前 129 年,希拉波利斯城成为罗马帝国属地,曾被之后的几代罗马皇帝选为王室浴场。后来在老城的基础上累建新的建筑,有宽阔的街道、剧院、公共浴场,还有用渠道供应温水的住宅,盛极一时。在 17 世纪,一场大地震将这座有2000 多年历史的古城夷为平地,如今我们只能从断壁残垣中寻找当年古城的辉煌了。

在土耳其那些曾经辉煌的建筑和历史古迹都已经被蹉跎岁月侵蚀得苍老颓废，而这里的棉花堡却依然绿水如镜，丘岩如冰，沐浴着众神的光辉，成为一个历史的经典。

# 温 泉

温泉是泉水的一种，是一种由地下自然涌出的泉水，其水温高于环境年平均温度5℃，或华氏10℉以上。形成温泉必须具备地底有热源存在、岩层中具裂隙让温泉涌出、地层中有储存热水的空间3个条件。

温泉的形成，一般而言可分为2种：①地壳内部的岩浆作用所形成，或为火山喷发所伴随产生，火山活动过的死火山地形区，因地壳板块运动隆起的地表，其地底下还有未冷却的岩浆，均会不断地释放出大量的热能。由于此类热源之热量集中，因此只要附近有孔隙的含水岩层，不仅会受热成为高温的热水，而且大部分会沸腾为蒸气。②受地表水渗透循环作用所形成。也就是说当雨水降到地表向下渗透，深入到地壳深处的含水层形成地下水，（砂岩、砾岩、火山岩、这些良好的含水层）。地下水受下方的地热加热成为温泉水。

74

# 第九节　西伯利亚冻原

　　紧挨北极的西伯利亚大冻原一直是人类的畏途,但是这里却鲜花盛开,成为众多动物的乐园。

西伯利亚大冻原

　　西伯利亚冻原位于西伯利亚北部,沿北极冰盖边缘绵延 3200 千米,属于欧亚大陆最北部泰米尔半岛的典型景色,是一片广阔的大平原。这里湖泊和沼泽星罗棋布,大部分地区长满了苔藓。冻原的下层土都是永久冻土,最厚的冻土层深达 1370 米。

　　冬季,所有土壤都变成硬的冻土;夏季,最上层的土壤化成薄薄的湿土,使植物能在此扎根、生长。在最北面,湿土层只有 150～300 毫米厚,但是越往南,湿土层越厚,最厚可达 3 米,即使是桦树和落叶松等植物也茂盛生长。

生活在冻原上的人们

20 世纪 80 年代的一个夏天,作家和动物学家杰拉尔德与德罗尔游历了泰米尔半岛。他们记述,那里的冻土上长满着苔藓和草本植物,苔草之间夹杂着雏菊似的小花和勿忘草般细小的百合蓝色的花。遍地都有矮柳丛,在翠绿色的苔藓中茁壮地开放着粉红的花。这给很多不了解这个地方的人们带来了无与伦比的惊喜。

在这里,每年有 3 个月太阳都会一直徘徊在地平线。但即使在仲夏,气温也只有 5℃左右。冬季则有一段时间全是漫漫长夜,不过比夏季太阳不落的时间短。这时只能看到月光,偶尔还可见到极光。冬季的气温可降至 -44℃,因而留给植物开花和结子的时间很少。这里的植物大多是多年生的,为了免遭冷风袭击,长得很矮小,生长也缓慢。

米尔半岛有许多地方是龟裂冻原,是一种由垄埂把沼泽和小湖割成不规则蜂窝状的特殊地貌。这是由于冰冻和解冻不断循环造成地面开裂形成的。在裂缝中逐渐形成的冰楔产生强大压力,使地面凸起成垄,而解冻的泥土和融化的冰则随之沿坡而下聚成湖沼。

在冻原上,有时可以发现早已绝种的长毛猛犸的骨骼和长牙。几个世纪以来,西伯利亚人从冻土中挖出猛犸的长牙卖给象牙商。

肩高4米的猛犸曾活跃在欧亚大陆北部和北美洲,其牙长约1.5米,约在12000年前灭绝。"猛犸"一词源于西利亚的鞑靼语,意思是"土"。一具几乎完整无损的猛犸尸体是1799年由一名找象牙者在利纳半岛发现的,1803年完全挖掘出来,交给科学家进行研究。

冻原上的驯鹿

贝兰加高原是泰米尔半岛的脊梁,高约1500米。在高原的南缘,是泰米尔湖。这是北极最大湖泊,但深度只有3米左右。春季,湖里注满融水,夏季有 3/4 的水流入河流,冬天全部冻结。湖岸是麝牛和驯鹿的栖息地。旅鼠则在苔藓下面打洞穴居,它们是北极狐和雪鸮的主要食物。狼也在此出没,主要捕食驯鹿和麝牛。

许多动物入冬就向南迁徙到较为温暖的地方,鸟类亦然。夏季,湖泊和小岛成了红胸雁等水鸟筑巢产卵的理想场所。在西伯利亚西部,沼泽洼地一直从鄂毕河延伸到乌拉尔山脉;稀有的西伯利亚鹤就在鄂毕河下游度过夏天。

# 冻 原

冻原语出萨米语,意思是"无树的平原"。在自然地理学指的是由于气温低、生长季节短,而无法长出树木的环境。它是一种分布于极地附近或高山的无林沼泽型景观,又称苔原。冻原分北极冻原和高山冻原。前者发育在欧亚大陆和北美北部边缘地区,后者发育在寒温带和温带山地和高原。一般分布地区冬季漫长而严寒,夏季温凉短暂,最暖月平均气温不超过 14℃。年降水少(200~300 毫米),风力强劲,土壤下常有永冻层,夏季表层解融,地面排水不良而处于饱和状态。只能生长苔藓、地衣、耐寒灌木和多年生草本植物,称冻原植被。植物矮小,多呈垫状,群落结构简单。植物的抗旱耐寒能力极强,有的甚至可在雪下生长开花。

78

# 第8章

## 非洲

# 第一节　尼罗河

　　像世界其他名川大江一样，尼罗河也一直受到人们的赞美。埃及诗圣艾哈迈德·肖基曾写下"尼罗河水白天降"的不朽诗句。有人也曾有过这样的描绘："河谷里有灿烂的阳光，肥沃的土地，温暖的气候和美丽的风景。"在尼罗河河谷的土地上，青草、谷穗、葡萄夹在灼人沙漠之间，宛如水流不断、花果丛生的"人间天堂"。

　　"尼罗河"一词最早出现于2000多年前。关于它的来源有两种说法：一是来源于拉丁语"尼罗"，意思是"不可能"。因为尼罗河中下游地区很早以前就有人居住，但是由于瀑布的阻隔，使得中下游地区的人们认为要了解河源是不可能的，故名尼罗河。二是认为"尼罗河"一词是由古埃及法老（国王）尼罗斯的名字演化来的。尼罗河——阿拉伯语意为"大河"。

　　尼罗河是世界上最长的河流，全长6740千米，流域面积280万平方千米，是非洲大陆面积的1/10。它发源于非洲东部的高原，蜿蜒曲折数千千米，穿越沙漠和沼泽，有时平静地迂回，有时跌入瀑布和湍流。在喀土穆有两条汇集成尼罗河的主要河流：东面的青尼罗河和南面的白尼罗河。

　　青尼罗河源于埃塞俄比亚高原上的塔纳湖，约高出海平面1814米。河流从这里流向东南，跃过壮观的提斯厄萨特瀑布，然后流经切穿了埃塞俄比亚高原的644千米长的大弧形，倾泻到苏丹南部低于其源头1372米的热带平原上。河流在行程中冲蚀出一个贯通高原中部的巨大峡谷，有些地方可深达1.6千米，宽24千米。

尼罗河

与流速很快的青尼罗河形成明显的对比,在苏丹南部朱巴与喀土穆之间的白尼罗河流淌缓慢而凝滞,主要因为在1600余千米流程中,它仅下降了73米。在苏德的一个季节性沼泽区,河流退化成一系列不断变化的被水草根茎阻塞的水渠。

由青尼罗河和白尼罗河汇合后的尼罗河主流水量大增,流量变化加大,尼罗河在埃及境在埃及首都开罗以北形成面积为2.5万平方千米的巨大三角洲平原,河道在这里分成许多岔流,流入地中海。

尼罗河三角洲平原上,地势平坦,河渠纵横,是古代埃及文化的摇篮,也是现代埃及政治、经济和文化的中心。埃及有96%的人口都集中居住在尼罗河沿岸绿洲中,埃及绝大部分的农业、工业也都集中在尼罗河绿洲内。尼罗河东西两侧向外围延伸就是撒哈拉沙漠,放眼望去,就像中国西部内陆河流域的绿洲外围的戈壁、沙漠。坐在游轮上,望着被船划起涟漪的清澈的河水,水面上成群的野鸭觅食嬉戏,河心洲里放养的水牛悠闲地啃着青草,河边的芦苇丛中偶尔会有小鳄鱼钻出来。尼罗河两岸是广阔

尼罗河三角洲风光

82

平整的农田,田埂上、水渠边、道路旁是成排的椰枣林,树阴之中是零零散散的民居。田野里种植着小麦、水稻、香蕉、甘(糖)蔗、青菜、西红柿等,农民们或是在地中除草、摘果,或是骑着毛驴往来于田间小路,或是开着拖拉机、赶着毛驴车拉运着从地里采摘的果实,一副悠哉游哉、自由劳作的异国田园风光,美不胜收。

几千年来,尼罗河每年6～10月定期泛滥。关于尼罗河的泛滥,流传着许多神话、传说。相传尼罗河泛滥是因为女神伊兹斯的丈夫遇难身亡,伊兹斯悲痛欲绝,泪如雨下,泪水落入尼罗河中,使河水上涨,引起泛滥。所以,每年6月13日或17日,当尼罗河水开始变绿、预示河水即将泛滥时,埃及人就举行一次欢庆,称为"落泪夜"。8月份河水上涨最高时,淹没了河岸两旁的大片田野,之后人们纷纷迁往高处暂住。10月以后,洪水消退,带来了尼罗河丰沛的土壤。在这些肥沃的穿行在沙漠中的尼罗河土壤上,人们栽培了棉花小麦水稻椰枣等农作物。在干旱的沙漠地区上形成了一条"绿色走廊"。埃及流传着"埃及就是尼罗河,尼罗河就是埃及的母亲"等谚语。古希腊历史学家希罗多德甚至把埃及称为"尼罗河的礼物",如果没有尼罗河充足的泛滥之水,埃及的一切都不会存在,尼罗河被视为埃及的生命线。

阿斯旺大坝

在尼罗河上有一道特殊的风景,那就是阿斯旺大坝。尼罗河上所筑的阿斯旺高坝,为世界七大水坝之一,高坝长 3830 米,高 111 米,历经 10 余年建成,耗资约 10 亿美元,使用建筑材料 4300 万立方米,相当于大金字塔的 17 倍,是一项集灌溉、航运、发电的综合利用工程。大坝将尼罗河拦腰截断,从而使河水向上回流 500 千米,形成蓄水量达 1640 亿立方米的人工湖——纳赛尔湖。它可以平定洪水,贮存足够用几年的富余水量。

阿斯旺大坝曾经是埃及民众和政府的骄傲,可是这个大坝建成之后不久,它对环境的不良影响日益严重,就逐渐改变了人们对它的评价。阿斯旺大坝一改尼罗河泛滥性灌溉为可调节的人工灌溉,结束了依赖尼罗河自然泛滥进行耕种的历史,同时,水位落差产生的巨大电力也成为埃及迈向现代工业文明的重要动力,但是阿斯旺大坝在拦截河水的同时,也截住了河水携带而来的淤泥,下游的耕地失去了这些天然肥料而变得贫瘠,加之沿尼罗河两岸的土壤因缺少河水的冲刷,盐碱化日益严重,可耕地面积逐年减少,因而抵消了因修建大坝而增加的农田。以及因此带来的一系列环境恶化,都使人们开始重新考虑大坝的利弊,并采取新的措施来减少大坝带来的负面影响。

尼罗河作为是埃及人民的生命源泉,她为沿岸人民积聚了大量的财富,缔造了古埃及文明。

## 尼罗河上的鳄鱼

古代埃及人敬畏尼罗河的鳄鱼。塞贝克神有一鳄鱼脑袋,鳄鱼被供养在寺庙中并被带上金手镯,甚至一座城市也命名为鳄鱼城。考古学家发现附近有成百上千的鳄鱼墓穴,鳄鱼被精心地埋葬。现今尼罗河鳄鱼在埃及尼罗河沿岸已不再丰富,除了在那些小群体已被监控并得到保护的地方,比如肯尼亚北部的图尔卡纳湖,这种大动物现在在非洲已很稀少。

# 第二节　东非大裂谷

东非大裂谷代表力量和生命，使得原本无味的苍茫高原呈现出错落有致的精彩。

在地球上有一道深深的疤痕，它起于赞比西河的下游，一路向北直到马拉维湖北部，这就是东非大裂谷。当乘飞机越过浩瀚的印度洋，进入东非大陆的赤道上空时，从机窗向下俯视，硕大无比的"刀痕"便呈现在眼前，顿时让人产生一种惊异而神奇的感觉。

"东非大裂谷"，亦称"东非大峡谷"或"东非大地沟"。在 3500 万年前，东非

东非大裂谷

大裂谷由非洲板块的地壳运动所形成，它不紧不慢地穿越了东非所有的国家。总长超过 8000 千米。这条长度相当于地球周长 1/6 的大裂谷，气势宏伟，景色壮观，古往今来不知迷住了多少人。从峡谷一侧的断层崖顶部看到的是一览无余的深而平底的峡谷全景，有些地方峡谷太宽以至不

能看到远处的一侧。裂谷在马拉维湖分为东、西两支：一支继续北上红海，再由红海北上入亚喀巴湾抵约旦地沟；另一支沿维多利亚湖西侧，循扎伊尔国界延伸到乌干达北部，抵尼罗河上游谷地，向东伸入亚丁海。

大裂谷景观

　　在非洲裂谷中，"阿法尔三角区"是目前最活跃的部分。这里常有地震，但裂谷的形态尚不够壮观，因为数千年来的火山活动伴随着大量的熔岩喷出，已注满了谷地。近期的火山活动出现于维多利亚湖周围——西侧以乌干达西南部的维龙加山脉为主，东侧集中于坦桑尼亚的北部。坦桑尼亚有伦盖火山，这是唯一的碳酸岩活火山，熔岩就像火山喷发的石灰岩，在喷发后 24 小时内岩石就成脏雪的颜色。

　　在大裂谷的西支，这里犹如一座巨型天然蓄水池，非洲大部分湖泊都集中在这里。这里的湖泊大大小小有 30 多个，呈长条状，像一串晶莹的珍珠，沿大裂谷一字排开。这里有世界上第二大深水湖泊——坦噶尼喀湖。在其底部有 5000 多米的沉积物，表明有一段长长的或非常快的断裂历史。自然恬静的查莫湖是大裂谷南部著名的鳄鱼湖,这里生活着上千条野生鳄鱼。大裂谷两侧都是陡峭的悬崖,令人难以攀登,许多游客将他们的注意力转向具有非洲特征的、丰富的野生动物。恩戈罗恩罗火山口是一个20千米宽的破火山口,它是在约300万年前的一次大爆发中形成的,是非洲最好的野生动物保护区,那里有野生动物中的象、开普水牛、狮子和鬣狗。伦盖火山的北部是纳特龙湖,这是一个很浅的湖泊,部分靠富含苏打的温泉补给,湖中生长着大量藻类,为成千上万粉红色红鹳提供了理想的繁殖地。在伦盖火山和恩戈罗火山之间是奥杜瓦伊峡谷,以人类化石闻名,并被有些人年作是人类的发祥地。

裂谷中的湖泊

大裂谷在肯尼亚境内的部分,具有显著的地形地貌特征,这段峡谷长大约800多千米,近千米深;大裂谷的轮廓在此最明了,东非大裂谷贯穿肯尼亚,将其劈为两半,此线路恰好与横穿肯尼亚东西的赤道相交,因此,肯尼亚有了"东非十字架"的美誉。肯尼亚浓缩了东非大裂谷的精华,是个神秘而智慧的国度。东非大裂谷两侧,悬崖断壁,山峦连绵,犹如延伸的城墙。首都内罗毕就坐落在东非大裂谷南端,也是东非大裂谷的子民。在肯尼亚,登上裂谷高崖处,放眼望去,只见裂谷深不可测,底部松柏苍翠,一座座死火山孤寂地坐落在沟壑深处,而串串湖泊宛如闪闪发光的蓝宝石,一刚一柔那么的和谐美妙。

有许多人在没有见东非大裂谷之前,凭他们的想象认为,那里一定是一条狭长、黑暗、阴森、恐怖的断涧深,其间荒草漫漫,怪石嶙峋,涉无人烟。其实,当你来到裂谷之处,展现在眼前的完全是另外一番景象:远处,茂密的原始森林覆盖着宫绵的群峰,山坡上长满了盛开着的紫红色、淡黄色花朵的仙人滨、仙人球,近处,草原广袤,翠绿的灌木丛散落其间,野草青青,花香阵阵,草原深处的几处湖水波光闪闪,山水之间,白去飘荡。裂谷底部,平平整整,坦坦荡荡,牧草丰美,林木葱茏,生机盎然。不妨有时间,背上背包,来这里体验一下非凡的裂谷之旅吧。

# 裂谷的形成

裂谷是由地壳张力形成的,谷地相对的两侧缓慢地移开。随着谷地变宽,谷底则在两个大致平行的的悬崖间下降。谷地边缘的断层系统是复杂的,但通常由薄薄的楔形地壳向下滑落挤入变宽的沟谷而形成。以这种方式经过几百万年后,裂谷逐渐拓宽变深,然而不断的侵蚀使悬崖明显的轮廓线变得模糊不清,沉淀物堆积在谷底,掩盖了巨大的自然力产生的影响。

随着加宽过程继续进行,裂谷的地壳开始变薄,从40千米的标准大陆壳厚度变到接近洋壳的典型厚度6千米。当这种情况发生时,断裂作用不再适应这种薄的地壳,于是,从下层地慢喷发出来的岩浆形成新的地壳,这正是大西洋如何形成和伸展的原因。现在欧洲和美洲每年以10厘米的速度继续向外移开,在大西洋中脊的中央裂谷处形成新的地壳。

# 第三节　撒哈拉大沙漠

"我举目望去,无际的黄沙上有寂寞的大风呜咽的吹过,天,是高的,地是沉厚雄壮而安静的。"

"正是黄昏,落日将沙漠染成鲜血的红色,凄艳恐怖。"

"近乎初冬的气候,在原本期待着炎热烈日的心情下,大地化转为一片诗意的苍凉。"这是著名台湾作家三毛在《白手起家》里面对撒哈拉沙漠的描述。

撒哈拉大沙漠

"撒哈拉"在阿拉伯语中的意思很直截了当,就是"大荒漠"的意思。撒哈拉大沙漠,位于非洲北部,西自大西洋,东进尼罗河,北起阿特拉斯山脉，南至苏丹，南北纵贯 1061 千米、东西 5150 千米，面积超过 900 万平方千米，是世界上最大的沙漠，几乎占整个非洲大陆的 1/3。包含的国家有摩洛哥、阿尔及利亚、突尼斯、利比亚、埃及、毛里塔尼亚、马里、尼日利亚、乍得和苏丹。大多数人以为撒哈拉是一片沙丘起伏的区域，但实际上它大约只有 1/5 的地方是由沙构成的。其余的地方则是裸露的砾石平原、岩石高原、山地和盐滩。

自古以来，撒哈拉这个枯寂的大自然，一直固执地拒绝着人们的打扰。酷热干燥，是它的性情；风声沙动，是它的语言。寂寞的大风鸣咽着吹过，滚起黄沙一片，烟尘浩荡，蓝天高远，大地雄浑，万物枯寂。在夕阳下，黄沙被落日染成一片血远，凄艳且苍凉，似乎没有什么生的气息可寻。

撒哈拉是干旱的，许多地方的年降水量不足 25 毫米。大部分沙漠深居内陆，所以盛行风在到达内陆之前已释放了水汽。位于沙漠和海洋之间的山脉也能使气流在到达内陆之前先成云致雨。天空中很少有云，沙漠中白昼极其炎热。一旦太阳落山，无云的天空也容易使热量向大气层逸散，夜间的气温可达 55℃，这是一种源自于灼热沙漠的内陆风，它像从鼓风炉中向北吹的一股热空气。

这里著名的有利比亚沙漠、赖卜亚奈沙漠、奥巴里沙漠、阿尔及利亚的东部大沙漠和西部大沙漠、舍什沙漠、朱夫沙漠、阿瓦纳沙漠、比尔马沙漠等。面积较大的称为"沙海"，沙海由复杂而有规则的大小沙丘排列而成，形态复杂多样，有高大的固定沙丘，有较低的流动沙丘，还有大面积的固定、半固定沙丘。固定沙丘主要分布在偏南靠近草原地带和大西洋沿岸地带。从利比亚往西直到阿尔及利亚的西部是流沙区。流动沙丘顺风向不断移动。在撒哈拉沙漠曾观测到流动沙丘一年移动 9 米的记录。

撒哈拉最知名的地区是与第二次世界大战北非战场联系在一起的沙丘区。这大片滚动的沙浪称为沙质沙漠，占地面积 10 万多平方千米。有些地方，大沙丘流动性很高，在风的驱使下每年以 11 米的速度向前滚动。

但在另一些地区,沙丘看上去几千年来从未移动,沙丘之间的干沟成为商队的永久通道。

夕阳中的撒哈拉大沙漠

　　在浩瀚无垠的沙海里,也有人间天堂,就是沙漠里的绿洲——有地下水上涌或溪流灌注的地方。这里水流纵横,棕榈苍郁,景色旖旎,是沙漠地区人们经济活动的中心。撒哈拉的深处,就有一座被称为"威尼斯"的渔都——莫普提,算得上撒哈拉深处第一大水陆码头。这座小城位于马里中部,尼日尔河与支流汇合的小岛上,被一圈青青草原环抱着,不远处就是沙丘密布的大漠,它却丝毫不受风沙影响,鱼肥水美,如大漠仙境。

　　除了沙漠中的绿洲外,这里的大漠黄沙中还隐藏了一个个历史的进程和人类文明的痕迹。1850 年,来这里考察的德国探险家无意中发现了岩壁上刻着动物和人类的画像。1933 年,法国的骑兵队又在这里发现了长达数千米的壁画群,全部绘制在受水侵蚀而形成的岩上。撒哈拉曾闪现的文明之花终于完全地呈现在世人面前。它的历史可以追溯到几万年以前。画上的动物有水牛、马匹、骆驼、犀牛、鳄鱼……形象众多,五颜六

沙漠中的绿洲

色,栩栩如生,色彩柔和。画里还真实地反映了当时撒哈拉居民的生活:用弓箭狩猎,进行农牧业生产,划着独木舟在河中捕猎河马……除了让我们了解到远古人的生活情景,还透露出在那个时代,撒哈拉也曾有过水流滔滔的江河……至少在上一个冰河时期,撒哈拉还远非现在这不毛之地的样子,自然条件类似于现在的东非,孕育出了璀璨繁盛的古代文明。这些壁画绵延近 3 万幅,创作技艺十分高超,可以与同时代任何其他国家地区杰出的壁画艺术作品相媲美,具有极高的研究价值。只是,撒哈拉文明至今也未走出历史的迷雾,一切都还是未知的,等待人们的发掘。

## 绿　洲

绿洲可以说是沙漠中的绿色眼睛。绿洲因为有水,因此是沙漠中的沃土。有时候,绿洲仅是围绕小泉水的几棵树,绿洲也可以是一个有河水灌溉的大地区,如经阿尔及利亚流向撒哈拉的艾卜耶德河。有些地方,河流是一条深绿色手掌状彩带,由椰枣树、杏树、石榴树和无花果树组成的树林和明丽的花卉,蜿蜒穿流于荒芜的沙漠之中。

突尼斯的内夫塔有一种不同的绿洲类型。该绿洲一直是穿行于撒哈拉北缘的商队的重要加水站。早在罗马时代就已启用并为人熟知。内夫塔下面的地下水位每年上涨,透过多孔的岩石,在地下形成自流井。自流井水如泉涌,滋润大量的柑橘树和椰枣树。

# 第四节　乞力马扎罗山

这雄伟的蓝灰色的山同其白雪皑皑的山顶一起,赫然耸立于坦桑尼亚北部的半荒漠地区。

"乞力马扎罗"在非洲斯瓦希里语中的意思是"光明之山"。此语对这高耸的火山及其壮丽的白雪皑皑的山顶而言,喻意恰如其分。透过坦桑尼亚和肯尼亚的萨王纳,在几十千米以外就能看到它。它的轮廓非常鲜明:缓缓上升的斜坡引向一长长的、扁平的山顶,那是一个真正的巨型火山口——一个盆状的火山峰顶。酷热的日子里,从很远处望去,蓝色的山基赏心悦目,而白雪皑皑的山顶似乎在空中盘旋。常伸展到雪线以下缥缈的云雾,增加了这种幻觉。它位于非洲东部,是非洲最高的山脉,是坦桑尼亚与肯尼亚的分水岭。它庞然的身躯压迫得周围的高原悄然下陷了近200米。它由两座主峰——基博峰和马文齐峰组成。两峰之间,还有一个长达10多千米的马鞍形山脊。

乞力马扎罗山

94

乞力马扎罗山占据长 97 千米、宽 64 千米的地域,山体如此之大以致能影响到自身的气候(其他大山如阿拉斯加的麦金力山和喜马拉雅山的珠穆朗玛峰也有类似情况)。当饱含水汽的风从印度洋吹来,遇到乞力马扎罗山就被迫抬升,然后以雨或雪的形式降水。增加雨量就意味着与乞力马扎罗山周围半荒漠灌丛截然不同的植物可生长在山上。山坡较低部位已被开垦种植诸如咖啡和玉米等作物,而热带雨林的上界为 2987 米。其上是草地,在 4420 米处草地被高山地衣和苔藓取代。

在山脉的顶部是乞力马扎罗山的永久冰川——这是极不寻常的,因为该山位于赤道之南仅 3°处——但近来有迹象表明这些冰川在后退。山顶的降水量一年仅 200 毫升,不足以与融化而失去的水量保持平衡。

有些科学家认为火山正在再次增温,加速了融冰的过程,而另一些科学家则认为,这是因为全球升温的结果。无论是什么引起的,乞力马扎罗山的冰川现在比 20 世纪小是没有争议的,并预言如果这种情况保持不变的话,乞力马扎罗山的冰帽到 2200 年将消失。

乞力马扎罗山实际上有三座火山,通过一个复杂的喷发过程将它们连接在一起。最古老的火山是希拉火山,它位于主山的西面。它曾经很高,据说伴随着一次猛烈的喷发而坍塌,现只留下一高3810米的高原。次古老的火山是马文济火山,它是一个独特的山峰,附属于最高峰的东坡。即使它似乎比乞力马扎罗峰毫不逊色,但它隆起的高度只有5334米。三座火山中最年轻、最大的是基博火山,它是在一系列喷发中形成,并被一约2千米宽的破火山口覆盖着。在相继的喷发中,破火山口内形成了一个有火山口的次级火山锥,在稍后的第三次喷发期间,又形成了一个火山渣锥。于是,基博巨大的破火山口构成的扁平山顶,构成了这座美丽的非洲山脉的特征。

乞力马扎罗山在坦桑尼亚人心中无比神圣,他们对乞力马扎罗山敬若神灵。很多部族每年都要在山脚下举行传统的祭祀活动,拜山神,求平安。他们把自己看作是"草原之帆"下的子民,绝不允许外人对雪山的任何不敬。

乞力马扎罗!当地人对她顶礼膜拜,直到今天,她魅力依旧。

## 乞力马扎罗山

1955年伦盖火山喷发,向天空喷出火山灰和碳酸钠粉末。由于火山成分中富含钠而硅含量低,因此它就不同寻常。从远处看,伦盖火山像肯尼亚山和乞力马扎罗山一样白雪盖顶,但从近处观察发现,那白色的物质全然不是雪,而是近期喷发出来的碳酸钠。伦盖火山位于坦桑尼亚境内称为"锡克斯·格里德"的大裂谷区,据认为那里的地壳是非常薄的。

## 肯尼亚山

肯尼亚山同样是非洲著名的山脉。肯尼亚山位于内罗毕背北面,作为大裂谷的一部分,它是非洲仅次于乞力马扎罗山的第二高山,高出起伏的非洲平原约5182米。像乞力马扎罗山一样,肯尼亚山也是火山形成的,据估计它有250~300万年的历史。乞力马扎罗山看上去像一个光滑的白雪覆盖的圆屋顶,而肯尼亚山则是一簇伸向天空的崎岖破碎的岩石。山顶实际上是一个"火山栓",一个构成火山气孔的坚硬岩石的核心。当火山周围较软的岩石受侵蚀时,核心部分就像山顶上一颗破损的牙齿那样傲然屹立。

与乞力马扎罗山一样,肯尼亚山顶也有冰川,科学迹象表明它们也正在融化。有些不寻常的植物生活在肯尼亚山高处的冰川气候中,如大千里光和大半边莲。沿山坡下行是雨林和竹林灌丛。

96

# 第五节　维多利亚瀑布

在这里,赞比西河的完成了一次完美的飞越,这气势如虹、悬流似柱的维多利亚瀑布使之前柔美缓慢的赞比西河激流勇进。

维多利亚瀑布位于南部非洲赞比亚和津巴布韦接壤的地方,在赞比西河上游和中游交界处,是非洲最大的瀑布,也是世界上最大和最美丽的瀑布之一,也是最壮观的瀑布之一。其宽度和高度比尼亚加拉瀑布大1倍,年平均流量约935立方米/秒。广阔的赞比西河在流抵瀑布之前,舒缓地流动在宽浅的玄武岩河床上,然后突然从约 50 米的陡崖上跌入深邃的峡谷。主瀑布被河间岩岛分割成数股,浪花溅起达 300 米,远自 65 千米之外便可见到。而瀑布落下时声如雷鸣,当地居民称之为"莫西奥图尼亚"(意即"霹雳之雾")。

维多利亚瀑布

最早发现大瀑布的人是苏格兰人戴维·利文斯敦。在 1853 年与 1856 年之间,苏格兰传教士和探险家戴维·利文斯敦与一批欧洲人一起首次横穿非洲。就在这次旅行中,利文斯敦"发现"了莫西奥图尼亚瀑布,由于当时英国是女王维多利亚统治时期,于是,他给瀑布命名为"维多利亚瀑布"。在目睹瀑布的壮观景象后,利文斯敦写道:"这条河好像是从地球上消失了。只经过 80 米距离,就消失在峡谷对面的岩缝中……我不明所以,于是就战战兢兢地爬到悬崖边缘,看到一个巨大的峡谷,把那条 1000 多米宽的河流拦腰截断,使河水下坠了 100 米。瀑布下面峡谷的狭窄与上面河道的开阔形成极大的反差,整个峡谷好像受到了突然压缩,宽度只有 15～20 米。整条瀑布从左岸到右岸,其实只是个坚硬玄武岩中的裂缝,然后从左岸向远处奔腾。三四十千米内,除了一团白色云雾之外,什么也看不见。瀑布形成的白色水练就像成千上万颗小流星,全朝一个方向飞驰,每颗流星后面都留下一道痕迹。"

如此壮观神秘的维多利亚大瀑布是如何形成的呢?

神奇的大瀑布彩虹

关于大瀑布,有一个动人传说:据说在瀑布的深潭下面,每天都有一群如花般美丽的姑娘,日夜不停地敲着非洲的金鼓,金鼓发出的咚咚声,变成了瀑布震天的轰鸣;姑娘们身上穿的五彩衣裳的光芒被瀑布反射到了天上,被太阳变成了美丽的七色彩虹。姑娘们舞蹈溅起的千姿百态的水花变成了漫天的云雾。

其实,大瀑布的形成是 1.5 亿年以前,当时地壳运动造成岩石断裂谷,正好横切赞比西河,河水直接泻入长 72 千米、宽度 25～75 米的峡谷,便形成了维多利亚瀑布。

维多利亚瀑布准确来说这是一个瀑布群,最宽处为 1690 米,最高处

108 米,由"魔鬼瀑布"、"马蹄瀑布"、"彩虹瀑布"、"主瀑布"及"东瀑布"共5 条将近百米的大瀑布组成。

　　位于最西边的是"魔鬼瀑布",魔鬼瀑布最为气势磅礴,以排山倒海之势直落深渊。轰鸣声震耳欲聋。强烈的威慑力使人不敢靠近;"主瀑布"在中间,主瀑布高 122 米、宽约 1800 米,落差约 93 米。流量最大,中间有一条缝隙;东侧是"马蹄瀑布",它因被岩石遮挡为马蹄状而得名;像巨帘一般的"彩虹瀑布"则位于"马蹄瀑布"的东边,空气中的水点折射阳光,产生美丽的彩虹。彩虹瀑布即因时常可以从中看到七色彩虹而得名。水雾形成的彩虹远隔 20 千米以外就能看到,彩虹经常在飞溅的水花中闪烁,并且能上升到 305 米的高度。在月色明亮的晚上,水气更会形成奇异的月虹。每年 5 月中旬当地的雨季结束后的 2 个月内,是大瀑布出现彩虹的最佳时间,在整个瀑布区几乎每天都可以看到彩虹,这段时间又被当地人称为彩虹季节;"东瀑布"是最东的一段,该瀑布在旱季时往往是陡崖峭壁,雨季才成为挂满千万条素练般的瀑布。

大瀑布顶部的魔鬼浴池

维多利亚瀑布高峡曲折,苍岩如剑,巨瀑翻银,疾流如奔,构成一副格外奇丽的自然景色。在维多利亚瀑布第一道峡谷的东侧，有一条南北走向的峡谷，宽仅60多米，整个赞比西河的巨流就从这个峡谷中呼啸狂奔而出。峡谷的终点，被称作"沸腾锅"，这里的河水宛如沸腾的怒涛，在天然的"大锅"中翻滚咆哮，水沫腾空达300米高，使这个地区布满水雾，若逢雨季，水沫凝成阵阵急雨，人们站在这里，不消几分钟，就可浑身湿透。

就在这样恶劣的环境中，居然还有人敢在此游泳，并且每年9～10月，世界各地的勇敢游泳者都会来这里挑战，这就是人称"魔鬼池"的一个天然岩石游泳池。之所以得名"魔鬼池"，是因为它地处110米高的维多利亚瀑布顶部。据说，曾居住在瀑布附近的科鲁鲁人从不敢走近它。邻近的东加族更视它为神物，把彩虹视为神的化身，他们经常在瀑布东边接近太阳的地方举行宰杀黑牛仪式来祭神。每年9～10月的旱季时，水池的水量相对较少，也相对较平静，不会顺着岩壁流下瀑布。所以，来挑战的游泳者，要赶在旱季跳进池内游泳。当碧蓝色的池水像死了一般静止时，没人能知道它是"魔鬼"——只有流亡在瀑布下游的浮尸，警告着人们：走近我，淹没你。

维多利亚瀑布以它的形状、规模及声音而举世闻名，堪称人间奇观。而瀑布附近的"雨林"又为莫西奥图尼亚/维多利亚瀑布这一壮景平添了几分姿色。"雨林"是面对瀑布的峭壁上一片长年青葱的树林（不过周围的草原在干旱季节时会失去绿色）。它靠瀑布水汽形成的潮湿小气候长得十分茂盛。作为这里的一大景点，"雨林"仿佛终日置身于雨雾，即使是大晴天也不例外。

## 瀑　布

瀑布,是指河流或溪水经过河床纵断面的显著陡坡或悬崖处时,成垂直或近乎垂直地倾泻而下的水流,在地质学上,是由断层或凹陷等地质构造运动和火山喷发等地表变化造成河流的突然中断,另外流水对岩石的侵蚀和溶蚀也可以造成很大的地势差,从而形成瀑布。非洲的维多利亚瀑布和南美的伊瓜苏瀑布及北美的尼亚加拉大瀑布合称世界三大瀑布。

# 第六节　纳库鲁湖

晚霞铺洒在纳库鲁湖的湖面上,群鸟齐飞,那是世界上最绚丽的画面,弗拉明戈舞是它的精灵。

纳库鲁湖位于肯尼亚首都内罗毕西北 150 千米处,是世界著名的保护禽类——鸟建立的公园,海拔 1753～2073 米,占地面积 188 平方千米,有 200 多万只火烈鸟,占世界火烈鸟总数的 1/3,被誉为"观鸟天堂"。

纳库鲁湖其水量大部分来自恩乔罗和恩代里特两条主要河流。但它只是从巴嫩到莫桑比克的东非大裂谷东支的一系列重要水体中的一个。这些湖泊位于不同高度,其含盐量从淡水经中等盐度变化到高盐度或苏打湖。

纳库鲁湖含盐度很高,这是由于碳酸盐和碳酸氢盐的含量很高。这

纳库鲁湖

样的碱性环境是十分严酷的。生物需要有高度特化作用才能在这种条件下生存下来，因此水生生物种类的多样性很低。潮水不能供养任何大型植物，但却有 6 种浮游植物。最多的是小型蓝绿藻，其数量如此之大，以致使水变成暗绿色，并有厚厚的黏稠度。这些小种群是构成湖泊整个食物链的基础，它们为无数的鸟类提供大量的食物。

对于鸟类来说，纳库鲁是一处仙境。早在 1960 年，这里就被划定为鸟类保护区，并在 1963 年被正式指定为国家公园。据统计，在这座占地不过 200 平方千米的国家公园里，一共栖息着 400 多种鸟类。纳库鲁湖是各色各样鸟类的乐园，每年都有许多鸟类学家从世界各地前来考察研究，因此这里也成了"鸟类学家的天堂"。

在这些为数众多的珍禽中，最富盛名的就是火烈鸟了，它也是纳库鲁湖国家公园的象征。每逢繁殖期，为数众多的火烈鸟都会在这里生息繁衍，最多时竟超过 200 万只。纳库鲁湖也因为小火烈鸟而获得"世界上最艳丽湖泊"的美誉。

小火烈鸟是一种非常美丽的鸟，高雅而端庄，无论在亭亭玉立之时，还是在徐徐踱步之际，总给人以文静轻盈的感觉。说起火烈鸟，它们朱红

湖中成群的火烈鸟

色的羽毛,特别是翅膀根部的羽毛,光泽闪亮,远远看去,就像一团熊熊燃烧的烈火。只要有一只小火烈鸟飞上天空,就会有一大群紧紧跟随,很多情况下,最后一只起飞的根本不知道发生了什么事。火烈鸟飞翔的身姿特别轻盈,往往没有助跑几步就已经腾空而起,飞出一段距离。不知道是不是幻觉,火烈鸟飞翔时影子总在身体前面,就像一团火红的云彩,你还没有缓过神来,"红云"就已远去,这被誉为"世界禽鸟王国中的绝景"。它降落的姿态也是一样的优美,翅膀停止振动,脚是起落架又是刹车,将湖面踩出一片水花,降落时收起翅膀,轻抖一下羽毛,颇有王者风范。金色的羽毛彰显出高贵与优雅。一层厚厚的羽毛铺在湖边白色的盐碱地上,那或许是鸟儿觅食或嬉戏时落下的。火烈鸟的羽毛是当地居民主要的装饰品,不过在公园是不允许带走任何东西的,这些堆积的羽毛还是要融入自然的。

纳库鲁湖也是动物的家园,水草丰美,养育了许多大型动物,如无爪水獭、岩狸、河马、豹子、大羚羊、鬣狗、狐狸、野猫、长颈鹿、白犀牛等。远山重叠,蓝天白云,200 多只野牛在开阔的草地上啃着青草;白犀牛是肯尼亚特有的动物，一家三口其乐融融地在湖边散步，而黑犀牛则总是孤零零地在湖边觅食。远处的密林中说不定藏有饥饿的狮群，盯着在湖边喝水的羚羊。狐狸优雅地梳理着自己的毛，河马则在河中打着呵欠。

湖边悠闲啃草的斑马

登山观湖、看鸟，是一种绝佳的视觉享受。站在山顶，湖光山色尽收眼底。从山顶这个角度来看火烈鸟，火烈鸟的身姿更加修长，蓝天碧水中火红的身影更加夺目。这是一个美得让人发狂的湖，这是一个让你想同火烈鸟一起飞翔的地方，更是一个放飞心灵的地方。

104

## 苏打湖鱼

苏打湖鱼生活在鱼类难以生存的最极端的条件下。它能在温度高达40℃和遇雨湖水泛滥，以及相继蒸发引起的盐度大幅度波动的情况下生存下来。最初在纳库鲁湖中引进苏打湖鱼是想控制在含盐度低的湖区蚊子的繁殖。它们现已成为食物链中的一个重要组成部分，并且是到该湖来的各种鸟类大量增加的主要原因。

# 第七节　宁巴山自然保护区

自然的力量是神奇的，它可以塑造出高大伟岸的山体，也可以描绘出诗情画意的平原，并且赋予它们和谐相融的空间。

宁巴山自然保护区

宁巴山自然保护区位于几内亚东南部洛拉省和科特迪瓦达纳内省境内，距几内亚的洛拉 200 千米，距恩泽雷科雷 62 千米，距科特迪瓦的阿比让 720 千米，总面积 17130 公顷。在几内亚、利比里亚和科特迪瓦之间的宁巴山四周，环绕着辽阔的草场。山坡上林木茂密，山脚下草场丰裕，种类繁多的动物群在此地栖居。

宁巴山自然保护区因为其独特的自然环境和丰富的降水，使不同海拔高度的生物各具特色，成为非洲独一无二的景观。

宁巴山是几内亚山脊的一部分，比其周围几乎平坦的徐坡高出1000米，形成了巨大无比的山梁，以西南至东北的方向为轴线，绵延数千里。

宁巴山的地貌很新奇，被称为非洲的"地质奇迹"，也是进行侵蚀地面理论研究的最佳场所。这里的山脉因为含铁丰富的石英岩受某种影响而隆起，形成铁质堆积物，进而又受到不同程度的侵蚀形成坚硬的板块，向人们展示了宁巴山独具特色的地貌历史。自从原始时代，由于风化剥蚀，这里形成了规模巨大的石英山崖，松散的岩土逐渐被风化，搬运这些含硬矿物质的石英壳覆盖着东北部分的缓坡，从而形成了非常贫瘠的土壤，经常是出现于地表或消失。土壤状况很好地解释了山脉四周，海拔500~550米的高度上出现的无树大草原的植物生长面貌。由于地面侵蚀，山脉的凸凹起伏显得格外明显，加上绿草覆盖的山峰和陡峭的山坡，使得这里的地貌环境格外迷人。

山脚下的草场和山顶及山坡上的草地在宁巴山茂密的森林中呈现出不甚协调的自然景色。这种自我封闭、彼此隔绝的一块块草地虽然面积都不大，但与各地方的海拔高度及气候条件共同作用，使大量生长在那里的动物都是

生活在这里的穿山甲

当地独有的品种。比较突出的有各种多足纲、袋鼩科和软体动物及昆虫。其中特别值得一提的是一种属蟾蜍家族的无尾蛙，还有一种只在山顶有限的地方可以找到的小蟾蜍，其独特之处是繁衍后代完全是胎生，无需经过蝌蚪阶段。在山坡上的茂密原始森林内生活着一些濒临灭绝的动物，

如宁巴山所特有的一种食虫动物——獭鼩。另外,豹、疣猴、穿山甲、森林水牛、非洲羚羊、水獭等,也都是保护区内的固定"居民"。

与宁巴山结为一体的是这里的居民即原始宗教徒和天主教徒,他们主要来自吉西亚、洛玛、考诺、玛侬族等,众多的民族和他们独特的宗教和民族仪式,以及独特的信念,给保护区添加了不一样的色彩。

在宁巴山你可能看不到非洲特有的广袤草原,看不到成群的斑马在驰骋,可是在这里凡是进入眼界内的一切景色在非洲的其他地方是看不到的,这或许就是宁巴山的独特魅力所在吧。

## 自然保护区

自然保护区是各种生态系统以及生物物种的天然贮存库。它是为了保护珍贵和濒危动、植物以及各种典型的生态系统,保护珍贵的地质剖面,为进行自然保护教育、科研和宣传活动提供场所,并在指定的区域内开展旅游和生产活动而划定的特殊区域的总称。

自然保护区是一个泛称,实际上,由于建立的目的、要求和本身所具备的条件不同,而有多种类型。按照保护的主要对象来划分,自然保护区可以分为生态系统类型保护区、生物物种保护区和自然遗迹保护区3类;按照保护区的性质来划分,自然保护区可以分为科研保护区、国家公园、管理区和资源管理保护区4类。不管保护区的类型如何,其总体要求是以保护为主,在不影响保护的前提下,把科学研究、教育、生产和旅游等活动有机地结合起来,使它的生态、社会和经济效益都得到充分展示。

# 第八节 骷髅海岸

从空中俯瞰,这是一大片骷髅海岸,是一大片褶痕斑驳的金色沙丘,从大西洋向东北延伸到内陆的沙砾平原,它备受煎熬,显得苍凉而又异常美丽。

在非洲纳米比亚的纳米布沙漠和大西洋冷水域之间,有一片长 500 千米的白色沙漠,葡萄牙海员把纳米比亚这条绵延的海岸线称为"骷髅海岸"。

骷髅海岸

骷髅海岸沿线充满危险,有交错的水流、8 级大风、令人毛骨悚然的雾海和深海里参差不齐的暗礁。来往船只经常失事,传说有许多失事船只的幸存者跌跌撞撞爬上了岸,庆幸自己还活着,孰料竟慢慢被风沙折磨致死。因此,骷髅海岸布满了各种沉船残骸和船员遗骨。

殖民时代之初,一队入侵纳米比亚的德国士兵因为在此迷路而集体失踪。1933年,瑞士飞行员诺尔在驾机从开普敦飞往伦敦的途中在此遇难,尸首被预言将会在这片海滩出现。1942年,英国"邓尼丁星"号货轮在此触礁沉没,船上的106人只有45人乘坐汽艇上岸,救援和打捞工作出动了3架本拉图轰炸机和数艘轮船,持续了4个星期,其中一艘轮船也触礁沉没,3名船员遇难。1943年,12具无头的尸骸和一具儿童的尸骸在此被发现,留着一段写于1860年的令人不解的遗文:"我正朝北走向96千米处的一条河边。看到斯文,照我的话前去,上帝保佑你。"对此,瑞典生物学家安迪生说:"宁可死,我也不要流落此间。"

至今,没有人知道遇难者是谁,也不知道他们是怎样遭劫而暴尸海岸的,为什么都掉了头颅。南风从远处的海吹上岸来,纳米比亚布须曼族猎人叫这种风为"苏乌帕瓦",吹来时,沙丘表面向下塌陷,沙粒彼此剧烈摩擦,发出咆哮之声。对遭遇海难后在阳光下暴晒

*骷髅海岸岸边的遗骨*

的海员,以及那些在迷茫的沙暴中迷路的冒险家来说,海风犹如献给他们的灵魂挽歌。

在海岸沙丘的远处,7亿年来由于风的作用,把岩石刻蚀得奇形怪状,犹若妖怪幽灵,从荒凉的地面显现出来。而在南部,连绵不断的内陆山脉是河流的发源地,但这些河流往往还未进入大海就已经干涸了。这些干透了的河床就像沙漠中荒凉的车道,一直延伸至被沙丘吞噬为止。还有一些河,例如流过黏土峭壁狭谷的霍阿鲁西布干河,当内陆降下倾盆

大雨的时候,巧克力色的雨水使这条河变成滔滔急流,才有机会流入大海。

骷髅海岸岸边残破的船只

但这里的河床下因为有地下水,所以滋养了无数动植物,种类繁多,令人惊异。科学家称这些干涸的河床为"狭长的绿洲"。湿润的草地和灌木丛也吸引了纳米比亚的哺乳动物来此寻找食物。大象把牙齿深深插入沙中寻找水源,大羚羊则用蹄踩踏满是尘土的地面,想发现水的踪迹。

在海边,大浪猛烈地拍打着倾斜的沙滩,把数以万计的小石子冲上岸边,花岗岩、玄武岩、砂岩、玛瑙、光玉髓和石英的卵石都被翻上了滩头,给这里带来了些许亮色。迷雾透入沙丘,给骷髅海岸的小生物带来生机,它们会从沙中钻出来吸吮露水,充分享受这唯一能获得水分的机会与乐趣。会挖沟的甲虫,此时总要找个能收集雾气的角度,然后挖条沟,让沟边稍稍垄起,当露水凝聚在垄上流进沟时,它就可以舔饮了。雾也滋养着较大的动物,盘绕的蝮蛇,用嘴啜吸鳞片上的湿气。在冰凉的水域里,居住着沙丁鱼和鲻鱼,这些鱼引来了一群群海鸟和数以千万计的海豹。在这片荒凉的骷髅海岸外的岛屿和海湾上，繁衍生存着躲避太阳的蟋蟀、甲虫和壁虎。长足甲虫使劲伸展高跷似的四肢，尽量撑高身躯，离开灼热的地面，享受相对凉爽的沙漠微风的吹拂。

南非海狗是这片海岸的主人，它们大部分时间生活在海上，但到了春季，它们要回到这里生儿育女，漫长的海岸线就是它们爱的温床。到了陆地上，海狗的动作可不像在海里那样敏捷、优美。它们把鳍状肢当作腿来使用，那笨拙而可爱的模样让人忍俊不禁。当小海狗出生后，海狗妈妈要到海上觅食，令人惊奇的是，母子两个竟然能在上万只海狗的叫声中找到对方，母子情深可见一斑。

骷髅海岸在毁灭生命的同时，也在创造着一个个的生命奇迹，在带给遇难船员生存的希望时，又加之以绝望，可能是害怕外来的人类破坏这里寂静的生命吧。

# 流动沙丘

流动沙丘是根据沙丘移动性划分的沙丘类型之一。流动沙丘在沙漠区分布很广。流动沙丘的特征是：地表植被稀少，沙丘形态典型，在风力作用下，容易顺风向移动。它对交通、工农业建设威胁大。流动沙丘移动速度与沙丘的高度、风速及其变率、下垫面的状况等有关。

# 第九节　开普敦桌山

桌山仿佛与生俱来就和"海角之城"开普敦连在一起,并理所当然地成为这个城市的标志。

云雾缭绕的桌山

在海角之城——开普敦的背后,有一座乱云飞渡、形似巨大长方形条桌的奇山——桌山。桌山对面的海湾有着天然良港,并因桌山得名为桌湾。桌山山顶平台长 1500 米,宽近 200 多米,犹如餐桌一般平整,有人戏称它为"上帝的餐桌"。它曾是这片洋面上过往船只的灯塔,就像是一位端坐在大西洋边的历史老人,海拔 1087 米的桌山是南非近 400 年现代史最有权威的见证者。

桌山山脉位于南非首都开普敦城区的西部,整个山脉由狮头峰、信号山、魔鬼峰和桌山组成的一道山脉。靠近大西洋一侧的两座分别为狮头

桌　山

峰和信号山,另一侧靠近开普敦南部的桌山且更为险峻的山峰就是魔鬼峰。它们就像桌山伸出的左右两只手臂,紧紧地拥抱着山脚下的开普敦城区。每逢夏季(10月到翌年3月),挟带着大量水汽的东南风突然被桌山拦住后迅速上升,在山顶冷空气的作用下,一下凝结为翻卷升腾的云团,然后就像厚厚的丝绒桌布将桌山自半山腰齐刷刷地覆盖起来,蔚为壮观。在桌山,我们能清晰地感受到云雾的急速流动,山上的景色在云雾的流动中顿时变得虚无缥缈,似乎置身仙境。但是在其余的时间这里却看不到云雾缥缈的景观。

关于桌山之云还有一个久远而有趣的传说:一天,一个名叫范汉克斯的海盗在桌山附近和一个魔鬼相遇后,他们便在一块马鞍形的岩石旁一边吸烟斗,一边攀谈起来。那天情绪不错的魔鬼向海盗透露说,山上只剩下一个为赎回罪孽的魔鬼保留的温暖洞穴。准备改邪归正的海盗灵机一动,提出与魔鬼进行吸烟比赛,谁赢了,那个温暖的去处就属于谁。他们的竞赛一直延续至今,因此桌山上从此总是云雾缭绕。为什么冬天没有云了呢？那是因为魔鬼和海盗现在年事已高，在阴冷潮湿的冬日暂停比赛。

桌山的山体是花岗岩，坚硬无比，令人惊叹的是这里居然生长着各种生命力顽强的植物。其中大部分是灌木类，但却也种类繁多，多达1400多种。此外，还有250种菊科植物。这里还有一种桌山特有的植物——"太阳花"。此花并不鲜艳，只是黄色的小花而已，但它生长于岩石中，开得郁郁葱葱，就像太阳一样有着无穷的力量，把冷峻的桌山打扮得有些柔情了。

在桌山发现的桌山魔蟾

山腰一带热带林木苍翠欲滴，在茂密植物的掩护下，蜥蜴、豚鼠和岩兔快乐地生活着，这些可爱的小精灵转动着亮晶晶的眼珠，在山岩间灵活地奔跑跳跃，不时发出尖利的吱吱声。鸟儿一定偏爱这张桌子，也把这当作自己的客厅了，随意地转悠着，三五成群，毫不避人。

站在桌山顶上，整个开普敦市尽收眼底，一片片交错的红、白、灰、绿散布其间，加上波光粼粼的蓝色海域，仿佛童话里的世界。

# 桌　湾

桌湾是南非开普敦的海港，位于大西洋沿岸。桌湾从开普敦向北伸展，长约19千米，宽约13000米，湾内有罗本岛。从桌山上可以俯视整个港湾。

虽然桌湾的避风条件不如沿岸其他海湾,但是这里有充足的淡水供应,因此,成为开往印度和东方国家的船只停泊地。

桌湾在公元 1500 年被葡萄牙航海者发现。1652 年,荷兰人里别克带领士兵和职员,在南岸桌山麓建立永久性居民点(后发展成今日之开普敦)。

# 第十节　好望角

好望角,意为带来美好希望的海角。再华美的词汇也无法弯曲概括它的美好,只有身临其境,才能体会这里的悬崖、激流、浪花和天涯一角。

好望角

好望角的意思是"美好希望的海角",是非洲西南端开普省开普半岛南端的岩石岬角,北距开普敦 52 千米。在苏伊士运河通航前,来往于亚欧之间的船舶都经过好望角。现在特大油轮仍然无法进入苏伊士运河,仍需取此道航行。

好望角的发现与这里恶劣的风暴一样,有着各种惊险。1486 年,葡萄牙航海家迪亚士率探险队从里斯本出发,寻找一条通往"黄金之国"之路,当船队驶至大西洋和印度洋会合处的水域时,顿时海面上狂风大作,惊涛骇浪,几乎整个船队遭到覆没。最后巨浪把船队推到一个未知名岬角上,这支舰队幸免于难。迪亚斯将此地命名为"风暴角"。1497 年 11 月,另一位探险家达·伽马率领舰队沿着"风暴角"成功地驶入印度洋,满载黄金、丝绸回到葡萄牙。于是,葡萄牙国王约翰二世将"风暴角"改为"好望角",从此好望角成为欧洲人进入印度洋的海岸指路标。1939 年,这里成为自然保护区。

好望角有时风平浪静,碧蓝的海水,天空飘来朵朵浮云,远处天水一色,一眼望不到边际。但有时又阴晴不定,大西洋和印度洋的海水两段激流亲密接触时产生的巨大气流使海水奋力地拍打着海岸,翻滚着,咆哮着,如千军万马在奔

在好望角遭遇风浪袭击的船只

腾,掀起数米高的巨浪,倏忽平息,又再突起,循环往复,翻腾不止。海浪与坚硬的岩石碰撞,发出天崩地裂的巨响,电光火花般飞溅的浪沫,甩到人的身上,阵阵沁人心脾的凉意渗入骨髓。好望角海域几乎终年大风大浪,常常有"杀人浪"出现,海浪前部犹如悬崖峭壁,背部如缓缓的山坡,浪

高近 20 米,遇难海船难以计数,成为世界上最危险的航海地段。

在这里,除了有奔腾不息的海浪怒吼,还有顽强生存的各种物种。这里拥有全世界最古老、完全处于原生态的灌木层,有从来没有受过人类干扰的原始植物群,拥有研究植物进化不可多得的原始条件。达尔文在《物种起源》里曾经描述:"在许多情形下,我们对于花园和菜园里栽培悠久的植物,已无法辨认其野生原种。我们大多数的植物改进到或改变到现今于人类有用的标准需要数百年或数千年,因此我们就能理解为什么无论澳大利亚、好望角或十分未开化人所居住的地方,都不能向我们提供一种值得栽培的植物。"

为了保留了原生态的景观,这里设立了自然保护区。保护区内,各种花卉植物竞相生长;在海边铺满红色鹅卵石的海滩上,经常可以看到鸵鸟们昂首挺胸、悠闲踱步的有趣场景;还可以看到南非羚羊、鹿、斑马、猫鼬、狒狒等不同种类动物的身影,它们或追逐嬉戏,或各处觅食,或腾挪跳跃,一派生机勃勃的景象,充满了动感的韵律,让人禁不住想要翩翩起舞。陆地上的景象已令人应接不暇。在近海处,海豚、海狗不时地闪现,不计其数的海中生物在游弋,它们的动作舒缓而流畅,与海水融为一体,美不胜收。

墨绿的波涛托起白色的浪花,拍打着岬角岸边的乱石,海鸟的鸣叫穿过震耳的浪声,空灵、悠远,夜色寂静的古老灯塔默默地为远航的人们祈祷着……

117

# 灯　塔

灯塔是建于航道关键部位附近的一种塔状发光航标。灯塔是一种固定的航标,用以引导船舶航行或指示危险区。好望角灯塔,是世界三大灯塔之一。

# 海 角

本指突出于海中的狭长形陆地,常形容极远僻的地方。好望角并非是非洲大陆的最南端,厄加勒斯角才是非洲最南端,是南非的旅游胜地。

118

# 第四章

## 南美洲

# 第一节　亚马孙热带雨林

这里是地球上生物多样性最丰富的地区,丛林深处树木茂密,人迹罕至,隐藏着大自然的无数奥秘。

在南美洲的上空俯瞰,你会发现有一条蜿蜒的长河穿行在美洲大地上,横贯东西,这就是世界水量最大的河流——亚马孙河。

亚马孙河

亚马孙河长 6565 千米,仅次于 6648 千米的尼罗河。亚马逊河共有 15000 条支流,分在南美洲大片土地上,流域面积几乎大如整个澳大利亚。亚马孙河河水很深,远洋巨轮可由大西洋自河口溯流而上,航行至秘鲁的伊基托斯。它的水量终年充沛,滋润着 800 万平方千米的广袤土地,孕育了世界最大的热带雨林,并被公认为世界上最神秘的"生命王国"。

亚马孙河发源于秘鲁境内的安第斯山脉东坡,源头由冰川汇融而成,随着支流的汇入,河流的水量逐渐变大,在安第斯山脉的东麓冲刷出一个气势磅礴的峡谷。由于河水携带了大量的泥沙,因而显得有些浑浊,就像加了咖啡的牛奶,故也被称为白水河。它的一些支流还经过沼泽,河水里含有大量的腐殖质,水色较深,故被称为黑水河。随着河流的流经的地势趋于平坦,水流流速开始减慢,到了亚马孙盆地时,亚马孙河河水表面变得十分平静。最终,河水流经巴西中部高原的密林,在亚马孙河河口附近汇入大西洋。

亚马孙河流域居民的日常生活

亚马孙雨林有"地球之肺"之称,是因为它对全球的气候以及人类的生存有着重要的意义。亚马逊雨林占世界雨林面积的一半,森林面积的20%,是全球最大及物种最多的热带雨林。雨林的大部分都位于安第斯山脉以东的巴西境内,雨林所在的地区大部分的海拔都低于 200 米。由于这里充沛的降水和安第斯山脉冰融所带来的大量河水,每年有大部分时间都会被洪水淹没。雨林全年闷热潮湿,日间平均气温约 33℃,夜间平均气温约 23℃。据统计,在这浩瀚的热带雨林里生长着 100 多万种植、动物,是世界基因遗产的博物馆。即使在一较小的区域内,物种的多样性也是显而易见的,仅仅 10 平方千米的热带雨林地段内,就有 1500 种有花植物、750 种树木、125 种哺乳动物、400 种不同的鸟类、无数的昆虫和其他无脊椎动物。

亚马孙雨林里的小食蚁兽

122

　　亚马孙河及其支流供养着 2000 多种鱼类和许多稀有哺乳动物和爬行类动物，包括亚马孙河水牛、平克河海豚、大水獭和眼镜宽吻鳄。鱼的多样性更不同凡响，从小的臭名昭著的红腹水虎鱼（一种胆小、贪婪、大群出没的食肉动物）一直到以岸边树上落入水中的树籽和果子为食的其他近亲品种。能长到 1 米长的龙鱼，可跃出水面掠食低悬于树枝上的甲虫。还有让人望而生畏的食人鱼，它们成群生活，可能攻击人畜，虽然有许多专家不认为它们这么可怕，但在 1981 年在奥比多斯的翻船事故中有 300 人丧生在它们口中。在亚马逊河流域的浅水中还有水蟒，是世界上最大的蛇，它们大部分时间在水中，只把鼻孔露出水面，但水蟒一般不攻击渔民。此外，这里还有世界上体形最大的淡水海豚，成体可达 2.6 米。

　　近年来，雨林的采伐达到令人惊恐的程度，每小时大于 4 平方千米的森林不可复原地消失了。对这个复杂多变的生态系统地不加区别地破坏具有全球性影响，威胁着野生生物的生存，也威胁着几世纪来一直生活在森林内的美洲印第安土著的生活方式。出于各种原因的考虑，当地政府把部分雨林辟为保护区，例如1989年哥伦比亚政府建立的奇里比奎特国家公园，面积1万平方千米，禁止一切外来的采伐，将管理树留交给印第安人。尽管国家公园面积很大，但仅占雨林总面积的0.17%。然而即便如此，如果不从根源上控制对雨林的砍伐，这片广袤的雨林，或许会在不久的将来消失……

链接

## 匮乏之树

森林的开采已经导致了许多树种的消失，另一些树种目前正处于绝迹的边缘。巴西的红木由于是制作家具的优质木料，长期以来一直很紧俏。目前，它仅被用来作置于其他木料之上的饰面薄板，但是，这种树曾遭受过度采伐以致残留的数量不足以满足市场的需求，它被列为危险树，被列为世界十大濒危树种之一。虽说现在此树已有许多小的幼苗在萌芽，据悉仅有12颗成年树存活。这仅仅是一个十分严重问题的实例，却预示着处于同样绝种威胁下的许多其他未知树种的命运。

# 第二节 伊瓜苏瀑布

请带足胆量来伊瓜苏,一同欣赏那镶嵌于绿色丛林中壮观的白水飞瀑。

在巴西和阿根廷的交界处,有一条河,叫伊瓜苏。"伊瓜苏"在南美洲土著居民瓜拉尼人的语言中,是"大水"的意思。当地有这样一个美丽的传说:某部族首领之子站在河岸上,祈求诸神恢复他深爱的公主的视力,所得回复是大地裂为峡谷,河水涌入,把他卷进谷里,而公主却重见光明,她成为第一个看到伊瓜苏瀑布的人。

124

伊瓜苏瀑布

发源于巴西境内的伊瓜苏河在汇入巴拉那河之前,水流渐缓,在阿根廷与巴西边境,河宽 1500 米,像一个湖泊。水往前流陡然遇到一个峡谷,河水顺着倒 U 形峡谷的顶部和两边向下直泻，凸出的岩石将奔腾而下的河水切割成大大小小 270 多个瀑布，形成一个景象壮观的半环形瀑布群，总宽度 3000～4000 米，平均落差 80 米。这就是伊瓜苏瀑布，是世界上最宽的瀑布群。瀑布跨越两国，被划在各自国家公园中，每年有 200 万游客从阿根廷或巴西前来游览。1984 年，被联合国教科文组织列为世界自然遗产。

在河流流经的众多瀑布中，最大的为纳空代瀑布，落差 40 米，几乎和尼亚加拉大瀑布相当。伊瓜苏最终流到巴拉那高原边缘，在其汇入巴拉那河前不远处，在伊苏瀑布上方直泻而下。

伊瓜苏瀑布下的彩虹

此处的伊瓜苏河宽约 4 千米，河水就在整个宽度上，在壮观的新月形陡崖处倾泻而下。其共有 275 股独立的大小瀑布，其中有些瀑布径直插入 82 米深的大谷底，另一些被撞击成一系列较小的瀑布汇入河流。这些小瀑布被抗蚀能力强的岩脊所击碎，腾起漫天的水雾，艳阳下浮现出闪烁不定的绚丽彩虹。在两条小瀑布之间的岩石突出处，绿树密布；棕榈、翠竹和花边状的树蕨构成丛林周围的前哨。树下，热带野花——秋海棠、凤梨科植物和兰花透过下木层争奇斗妍。穿梭于树冠层的各种鸟类，如鹦鹉、金刚鹦鹉及其他披艳丽羽毛的鸟类形成了缤纷的色彩。

巴西和阿根廷双方的国家公园均位于瀑布的某一侧，1909 年和 1939 年，两国分别在伊瓜苏河两岸建立了国家公园。如果你想饱览大瀑布的壮观景象,最好两边都游览一番。

伊瓜苏瀑布与众不同之处在于观赏点多。从不同地点、不同方向、不同高度,看到的景象不同。峡谷顶部是瀑布的中心,水流最大最猛,人称"魔鬼喉"。

从直升飞机上能获得最佳视点,惊心动魄的全景尽收眼底。但是最具刺激性的体验瀑布的方法是行经跨越河流上空的狭窄通道,从紧靠山脉的一侧横越瀑布至远端的一侧。偶尔,小路也会被洪水充盈的河流冲掉,如果你紧靠这一地区,就会感受到因河水直泻深渊而迸发出来的巨大能量。

伊瓜苏瀑布的最大魅力,除了它拥有世界上最宽阔的大水风景,归根结底,还是那份给人时空恍惚但又永恒的错乱感觉。水柱的落差,达 80 米,约有 22 层楼高度,站在这大水前面,面对着 50 米高的珠帘飞雾,谁都会震动。穿入重重水雾中,突然间就失去了太阳,但四周还都是白光,而空气里全是水珠,以为这飞快急速流去的一切不似人间,而是永远。

# 世界上最大的大坝——三峡大坝

三峡大坝坝址位于湖北省宜昌市三斗坪中堡岛,这是一座面积仅为 0.15 平方千米的小岛,也是"两岸连山,略无阙处"的三峡中唯一的一个小岛。三峡大坝为混凝土重力坝,坝高 185 米,正常蓄水位 175 米,总库容量 1820 万千瓦,年发电 847 亿千瓦时。工程完工后,它足以缓解华东、华中和华南地区经济高速发展的电力需要。2006 年 5 月,全长 2309 米的三峡大坝全线建成,全线浇筑达到设计高程海拔 185 米,是世界上规模最大的混凝土重力坝,也是世界上最大的水电工程。

# 第三节 沥青湖

这是一个由灰黑色软泥组成的冒泡的"火山口",是世界上最大的沥青旷地之一。

沥青湖

在拉丁美洲有一个神奇的湖泊叫彼奇湖,它坐落在加勒比海上多巴哥的特立尼达岛,距首都西班牙港约 96 千米。这个被高原丛林环抱的湖泊,面积达 46 公顷之多。奇怪的是,这个湖没有一滴水,有的却是天然的沥青,因此人们称其"沥青湖"。该湖黝黑发亮,就像一个巨大精致的黑色漆器盆镶嵌在大地上,与特立尼达羽状叶棕榈树的翠绿形成了鲜明的对比。这可以说是特立尼达最著名的、但并非最美丽的特点。尽管如此,来特立尼达沥青湖参观的人流却源源不断,似乎足以证明此地的自然景观具有一种奇特的魅力。

　　湖面看起来好像是由厚厚黏黏的沥青褶皱而成。雨水汇集在褶皱之间的低洼处，沥青中的油散布在各个水潭，在变幻的光照下，形成色谱各异、熠熠生光的彩虹颜色。据当地传说，沥青湖的原址曾是一个名叫恰马的印第安人村落，后被沥青湖填没，这是由于村民胆敢以神圣的蜂鸟为食，神灵于是降祸于斯。同时还有一个奇怪的现象是，许多小型的岛状植物被星罗棋布地分布于湖泊周围腐烂的植物枯枝落叶堆积在地表的坑坑洼洼中，形成富集的堆肥，使矮小的灌木丛得以生长。

不断涌出来的沥青

　　据说，这是世界上最大的沥青矿，它由 40％ 的沥青、30％ 的黏土和 30％ 的盐水所组成。据估计，沥青湖深达 82 米。这里的沥青很早就被人们发现并加以利用了。最早，苏美尔人将沥青用作胶合物，巴比伦人用它作为浴池、楼梯和路面的防水材料。哥伦布于 1498 年发现特立尼达，差不多一个世纪后，英国冒险家沃尔特·雷利爵士访问该岛，在其船上用了沥青，宣称这里的沥青质量远胜于挪威的沥青。而当地对湖泊中的沥青和焦油进行工业开采，也至少有 100 年了。但是每条开挖的地沟内，马上又涌进了新的沥青,抹去了人类干预的痕迹。而且在湖中央有一块很软很软的地方,在那里,源源不断地涌出沥青来,因此,被人们誉为"沥青湖的母亲"。

那么,这个神奇的沥青湖到底是如何形成的呢?

根据科学家的研究,沥青湖曾位于海底。大约 5000 万年以前,大量微小的海洋生物体死于海底,被分解成油,浸入渗透性岩石中。地壳的变动使油返回地表,并受太阳熏烤,成为硬实的地层,便形成了如今的沥青湖。从沥青湖的形成过程,也可反映出该地区的历史演变和发展。在采

被沥青湖吃掉的大象

129

掘中,人们曾发现古代印第安人使用过的武器,生产过程以及生活用品,还采掘出史前动物的骨骼:牙齿和鸟类化石等。1928 年,该湖湖底突然冒出一根 4 米多高的树干,竖立在沥青湖的中央,几天以后,树干才逐渐倾斜沉没湖底。有人从树上砍下一段树枝,经科学家们研究考查,发现这棵树的树龄已有 5000 多年了。沥青湖并非是静态的事物。新的沥青正在不断地渗出地表,并以缓慢移动的沥青形式向周边施压。

在这里,除了沥青湖的形成让人们感兴趣外,还有沥青湖每年"吃掉"的大量动物。有狮子、老虎、豹子等体形较大的动物,也有狐狸、狼、鬣狗甚至水鸟等体形较小的动物。

每年随着季节转换,沥青湖呈现出不同的样子。雨季来到,雨水积在湖面上,显得碧波荡漾;旱季降临彼奇湖,水被蒸发掉,沥青被晒干,只有凹处还留有一些水坑,水坑中有水草偶尔还能找到小鱼。这样,便引来了

喜欢吃小鱼的鸟。一只鸟吃饱了小鱼，准备站在湖面上休息，结果被沥青黏住了双脚，鸟越挣扎，沥青便黏得越紧，终于，鸟不再动弹。不久，鸟被机灵的狐狸发现了，为了吃到可口的鸟肉，狐狸不顾一切地冲了过去，结果狐狸也被沥青黏住了。狐狸越挣扎，沥青便黏得越紧，最终狐狸倒在了沥青湖里不再动弹，嗅觉灵敏的鬣狗和狼几乎同时发现了死去的狐狸。为了争抢猎物，鬣狗和狼在沥青湖面恶战了一场，结果都被沥青牢牢地黏住了。虽然它们都明白会有这样的下场，但还是忍不住嘴边食物对自己诱惑。这才揭开了沥青湖吞噬大量动物的真相。

## 拉布里亚的沥青焦油矿

　　特立尼达沥青湖不是独一无二的，与其邻近的委内瑞拉也有一个沥青焦油湖，而拉布里亚的沥青焦油矿床位于繁华的洛杉矶（与美国洛杉矶同名，但并非同一地方）中心。这里的焦油矿由篱笆相围，藉以防止人们跌落其中而变成陷阱——这是200年前西班牙创建城市以前很长一段时间里降临在成百上千的动物身上的一种灾难。1875年，地质学家推测，焦油矿内很可能有保存完好的动物尸骨，但是，直到30年后考古学家才开始考察这不断冒泡的沥青焦油矿的成分，挖掘出了50多万根动物骨头，包括剑齿虎、猛犸、现已绝迹的一种熊、翼幅达4米的巨型秃鹰，以及多种啮齿类动物、蜥蜴和昆虫。拉布里亚的动物骨骼，成为世界上15000年以前的动物的最大收藏品，现已收藏在洛杉矶县博物馆内。

# 第四节　莫雷诺冰川

或许你听过活火山，但，活着的冰川呢？

位于南纬 52°，阿根廷圣克鲁斯省境内的莫雷诺冰川，是世界上少数仍活着的冰川。它的全称是贝里托莫雷诺冰川，是 90 多年前地质勘测学者贝里托莫雷诺发现的，因而得名。莫雷诺冰川已被联合国地理保护单位列为"全人类自然财富"。

莫雷诺冰川

冰川，实质上就是长年累月堆积起来的大量冰雪。当冰雪堆积在群山之上，体积越积越大，而又绵延到下陷的山坳时，随着重力关系，就会形成千军万马般缓缓往山脚下流动的一道巨型流冰。基本上，这就是冰山。一般情况下，要形成冰川，除了气候，还需要一段很长的累积时间。莫雷诺冰川，属于年轻的一代，大约形成于 20 万年前。

冰川从宽阔的两山之间伸入湖中，形成了一道宽约 4000 米、高约 60

米的冰坝,翠绿色的湖水与透着蓝光的冰墙交相辉映,美轮美奂,宛如人
间仙境。莫雷诺冰川每隔两三年就会截断阿根廷湖一次,致使湖面水位
上升,直到水流在冰坝底部冲出一条涵沟,导致冰坝坍塌,湖水重新畅通,
水位才恢复正常。冰坝坍塌后,冰川重新继续向前推进,经过几年又会再
次截断湖面,淹没湖泊四周的山谷森林。

在冰川附近,虽是盛夏,风景也一下变得单纯。蓝色部分是天和水。
白色是冰雪。黑色就是所有较暗的影子。

截断湖面的莫雷诺冰川

冰川的风景,像会压住人的胸口,寂静得有点吓人。它不是一般山脉
草原河流里的春夏秋冬。那些风景里总会有点生命动作。要不牛羊忙着
吃草,要不花草忙着热闹,就算是严冬下大雪,至少也会有阵雪花飞舞的
缥缈。但冰川风景,就是出奇安静,它沉稳,明净,无言,透视……四周虽
是光亮的白昼,也有万籁俱寂感觉。

偶尔,看到一只远远掠过的南美秃鹰,当它划过的刹那,风景上才偶
尔划出一条非常寂寞的痕迹。不过很快,一切就恢复原状。

不言不语的冰川风景,外表简直就像凝固。人只有突然听闻到远处
传来隐约但恐怖非常的冰雪崩溃声,才猛然惊觉它是活的,原来冰川也会
突然一声叹息。

阿根廷冰川国家公园内有 47 条冰川，差不多也是由此形成的，而其中也不乏最著名的莫雷诺冰川。在这里，每隔 20 分钟左右就可以看到"冰崩"奇观：一块块巨大的冰块沉入阿根廷湖，一声声震耳欲聋的响声让人屏息凝注，但很快，一切又都归于平静。莫雷诺冰川有 20 层楼之高，绵延 30 千米，有 20 万年历史，在冰川界尚属"年轻"一族。目前，莫雷诺冰川似一堵巨大的"冰墙"每天都在以 30 厘米的速度向前推进，身临其下，似乎感受到冰川时代的气息。

冬季的莫雷诺冰川开始崩塌

世上冰川，其实不少。北半球的冰川一般年龄较大，许多已是处于"停滞不前"的冰川衰老期。南半球冰川，却多是生机蓬勃的"前进"分子。就是所谓冰雪会不断往前推动的活冰川。

说实话，这不是一个太好的现象。冰川溶得越快，地球的海水量就增加越快。20 年前，莫雷诺冰川要每隔 2 年，才会在冰川前方出现冰雪融解的"崩溃"现象。现在不必 2 年了，南极因温室效应气温骤然升高，莫雷诺冰川如今融解奇快，以前还需要经过计算才能碰上它的"崩溃"日子，现在游客却只须等待 20 分钟，就能拍到它霹雳啪啦、势如山倒的"崩溃"照片。冰川雪量仍在不断增加，实际容量无法估计，假如完全融解，它脚下阿根廷最大的湖泊，会由原来的 1600 平方千米直接出海。好多游客并不明白冰川融解的真正原因，反而庆幸自己捉住镜头。污染严重，大难临头，就把这大难的壮观当作美景。

# 冰 川

在年平均气温0℃以下的地区,降雪量大于融雪量,不断积累的积雪经一系列物理变化转化为冰川冰,并在自身的压力作用下向坡下运动,称为冰川。

冰川,又叫冰河,它存在于极寒之地。地球上南极和北极是终年严寒的,在其他地区只有高海拔的山上才能形成冰川。冰川在世界两极和两极至赤道带的高山均有分布,地球上陆地面积的1/10为冰川所覆盖,而4/5的淡水资源就储存于冰川(冰盖)之中。

134

# 第五节　乌尤尼盐湖

镜子是人们生活中常用到的物品,那你见过世界上最大的"镜子"吗?这是个神秘的地方,由于面积大,表面光滑,反射率高,这里成为了世界上最大的"镜子",这就是玻利维亚的大盐湖乌尤尼盐湖。

乌尤尼盐湖,其实是一个盐沼,位于玻利维亚西南部天空之镜的乌尤尼小镇附近,是世界最大的盐沼,东西长约250千米,南北宽约100千米,面积达10582平方千米,盛产岩盐与石膏。由于面积大,表面光滑,反射率高,覆盖着浅水,所以人们还给它起了一个美丽的名字——"天空之镜"。

乌尤尼盐沼是在安第斯山脉隆起过程中所形成的。安第斯山脉是属于较新形成的山脉,在经历一些剧烈的地理活动而从海底隆起后,其间形成了许多装满海水的湖泊。约在4万年前,乌尤尼盐沼所处的区域为一个名为明清湖的史前巨湖,之后逐渐干涸,形成两个大咸水湖:普波湖与

镜子一样的乌尤尼盐湖

乌鲁乌鲁湖,以及两个大盐沼:乌尤尼盐沼与科伊帕萨盐沼,而尤以乌尤尼盐沼最为壮观。

这里的盐层很多地方都超过 10 米厚,总储量约 650 亿吨,够全世界人吃几千年。它无愧于世界第一大盐湖的称号。不过这里条件相当艰苦:高度海拔 3700 米,1 万多平方千米的湖区内无人居住,里面光秃秃一片,几乎找不到辨别方向的参照物。

用盐做成的座椅

由于乌尤尼盐沼是天然的盐田,所以当地居民在经济活动上盛行采盐。当地人常常堆砌出许多 1 米左右的小盐丘来曝晒干燥,或以斧头劈

切出数十厘米到 1 米的立方体。这些粗盐除了送往附近的精制工厂加工外,也有当地人拿来作为屋舍建材使用。

其实,这里原本只有采盐业者才会光顾,由于其寒冷干燥的气候环境,很少有游客前来,但是这个盛产粉红色火烈鸟、千年仙人掌以及稀有蜂雀的独特地区,最近却越来越受到冒险者与游客的追捧,或许这就是这面"大镜子"的独特魅力吧?

湖面上跳跃的人们给人一种飘在空中的幻觉

放眼望去,四下一片空旷,水平面与地平线连成一片,映入眼帘的只有头上的蓝色和脚下的白色,还有自己的倒影,周围万籁俱寂,静得都能听见自己的心跳。方向已经无法辨别,你会被这种"幻觉"骗到,感觉人就像漂浮在空中一样。

不过来这里也是有时间讲究的,由于玻利维亚地处南半球,全年分为旱季、雨季两个季节。每年 12 月至来年 3 月的雨季期间,乌尤尼变成一个巨大的咸水湖,只有到了 4~11 月这之间的旱季,湖水干涸时,湖面变得坚硬无比后,驾车穿越盐湖探险才成为可能,而且还可以通过盐湖到达湖中心长满仙人掌的小岛,体验这"天空之镜"中的独特风景。

136

# 盐　沼

　　盐沼是地表过湿或季节性积水、土壤盐渍化并长有盐生植物的地段。有人认为,盐沼属于广义的沼泽范畴,但它在水质、土壤、植被和动物各方面与其他沼泽类型都有明显的差别。盐沼地表水呈碱性、土壤中盐分含量较高,表层积累有可溶性盐,其上可以生长盐生植物。盐沼广泛分布于海滨、河口或气候干旱或半干旱的草原和荒漠带的盐湖边或低湿地上。

# 第五章

## 北美洲

# 第一节　大盆地

在美国西部的荒野中,大盆地由于它的隔绝和山脉、荒漠、峡谷的奇妙混合吸引了越来越多的人的注意。

美国探险家约翰·C·弗里蒙特将美国加利福尼亚州内华达语脉和犹他州沃萨奇岭之间的沙漠地区命名为"大盆地"。因为,在这 33.6 万平方千米广袤平坦的峡谷中干涸无水。水分不是从沙漠中那浅浅的湖泊中蒸发,就是渗入地下。1989 年,史迪芬在其出版的有关大盆地自然历史的书籍——《山艾树的海洋》中写道:"大盆地是西部景观中的自然地区之一,有着绵延陡峭的高山地带。这些山脉'以一种轻松的节奏'与灌木丛生的沙漠盆地交叉于这一地区。"

美国大盆地国家公园

　　大盆地的地势自干旱的山艾树沙漠向山脊地带不断上升,跨过了该地区最高的山区——蛇区。与其他地区一样,蛇区的地形也是地壳运动的后果:7000万～5000万年前这里的地壳向上抬升(当时相邻的科罗拉多高原也在运动之中)。其他地区则相对下沉,成为今天的盆地。

　　蛇区形成了独特的山中之"岛",它的高度使得大盆地无法获得降水。蛇区相对冷湿的气候庇护了那些不能在沙漠地区生存的生物:从麋鹿到水鼠,从白杨到米娄斗菜。现今还有古老的植物生长在蛇区的较高处。

山上常年不断的风把老松树风干成一副眼镜

　　直到1964年前,惠勒峰还是众所周知的古老树种的避难所。就在那一年,许多树龄达千年以上的松树被人们砍倒。这些松树的树干光秃秃的,不停刮过的烈风将其打磨得像大理石一样光滑,为数不多的枝条仅凭着那窄窄的树皮和脉管组织维持生长。

　　惠勒峰的下面是著名的理蒙洞穴。这个洞穴长400米,以阿巴斯汗·理蒙的名字命名。生活在19世纪后期的理蒙曾经做过牛仔和矿工。为吸引旅游者的兴趣,他将规模不大的理蒙洞穴吹嘘成了一个具有丰富

"宝藏"的岩洞,结果理蒙洞穴名扬一时。

理蒙洞穴是由雨水长年冲刷形成的。洞内有钟乳石、石笋、圆柱形石、帏帐形石、苏打麦秆形石等各种石灰岩造型。在理蒙洞穴中,还有十分罕见的石灰岩造型:一对被极小的裂缝分隔对称的盘子,就像蛤壳的两半,还有悬挂在它们上边的钟乳石。

在大盆地你可以领略到各种不同的自然风光,观察稀有的树种,眺望冰河和惠勒峰的山顶……

## 盆 地

盆地,顾名思义,就像一个放在地上的大盆子,所以,人们就把四周高(山地或高原)、中部低(平原或丘陵)的盆状地形称为盆地。地球上最大的盆地在东非大陆中部,叫刚果盆地或扎伊尔盆地,面积约相当于加拿大的1/3。这是非洲重要的农业区,盆地边缘有着丰富的矿产资源。

# 第二节 阿切斯岩拱

岩拱发出铁锈色的光泽,见证着地球的沧海桑田,不可捉摸的自然力量刻画出了它们的奇形怪状,或石墙绵延,或巨石擎天,抑或石拱弯弯……

阿切斯国家公园位于美国犹他州沙漠中,1971年11月12日设立。

公园内到处林立着大小式样不一的石拱,其实"阿切斯"就指这些奇形怪状的拱石。美国作家爱德华·阿比曾经在日记中称赞阿切斯岩拱:"这里是地球上最美丽的地方。"并描述道:"放眼望去,荒野上密布着铁锈色的拱形砂岩和鳍状的山丘",这本日记后来以"沙漠中的宝石"为名出版。

阿切斯岩拱国家公园的面积并不大,200多平方千米的土地上却集中了2000多个自然岩拱。各样岩拱在阳光的照耀下发出铁锈色的光泽,它们见证了地球的沧海桑田,不可捉摸的自然力量刻画了它们的奇形异状,或石墙绵延或巨石擎天或石拱弯弯。这里有世界上最大的岩拱,跨度达91.8米,也有直径只有1米的隆起孔穴。这里冲击着你的心理承受力,那浓重的色彩,不可思议的造型,让你不得不臣服于大自然的鬼斧神工。

阿切斯岩拱

有人曾经说:"造物主具有美妙的力量,它不仅造就了高山低谷,也造就了长河溪流;它不仅造就了热带雨林,也造就了荒野冰川。如果说这些是造物主精心设计的,那么阿切斯岩拱就是它的游戏场了。"这句话不无道理。阿切斯岩拱石就是大自然遗忘的东西,恰也成为地球沧海桑田变化的标本。

在过去的1亿年中,极寒极热的天气和风霜雨雪共同造就了这些自然雕塑。这里亿万年前是浩瀚的海洋,波涛汹涌,风云变化,海洋逐渐消失,而来不及跟着撤退的海水慢慢蒸发,留下厚厚的盐层。从山上而来的岩石滚入盐层中,慢慢地堆积成了盐丘。科罗拉多河和绿河流经这里,与这些"盐"石做着亲密接触,在岁岁年年的侵蚀和溶解下,"盐"石内部终于剥落崩塌,一日大于一日,直到内部的石块完全剥落,阿切斯岩拱诞生了。岁月的侵蚀并未停止,或许不久以后,岩拱就会完全成为沙粒随着流水又回到海洋之中。也许这就是岩拱的一生。

正如公园旅游指南上所说的:"你见证着一个岩拱的垂暮,下次来访它也许就不存在了。"在阿切斯岩拱国家公园,新的岩拱在不断诞生,而人们现在看到的许多岩拱,是"迟暮"的岩拱,此时应该是它生命中最绚丽的"瞬间"。新旧交替,就像这世上的一切,远古和现实就那么流转变化着。

美景石拱是世界上最长的石拱,就像一架彩虹横跨两个巨大的扶壁,早期的拓荒者戏谑地给它起了一个绰号"老妇女的灯笼裤";北窗岩拱和另外一个岩拱合称为"眼镜",它就是"眼镜"中的镜框。双拱最为优雅,是由两个拱洞叠成的,本为岩石的她却给人一丝轻盈之感,在其中穿过就像穿过了一个人的心脏,悸动又充实。

纤美石拱最具特色,它的形状就像倒置的U,呈八字展开,立在一个天然大圆形场边上,犹他州车牌上的图像用的就是它。纤美石拱高达三四十米,飞跨几十米,可顶部却只有微薄的几尺厚,就像纤纤玉女、弱不禁风。艳阳下,纤拱红色的岩石仿佛要燃烧起来,可能它想尽情地绽放自己的美丽,却让看到它的人无比惋惜。

阿切斯岩拱地区的气候并不尽如人意,夏天十分炎热,白天温度通常在38℃以上,到了冬天,却寒风刺骨。荒芜、干燥更加速了岩拱的衰老。国家公园的管理人员在拱下种了很多草以防水土流失和岩拱风化,但是风沙的破坏力远远大于人的努力，效果并不理想。

　　阿切斯岩拱地区很早就有人类活动，印第安人就在这里的岩石上创作了一些古老的壁画来记录他们的历史。陪伴印第安人的只有荒野中依然色彩缤纷的野花。阿切斯岩拱国家公园每年的4～10月有着别样的美丽。锈书的岩石下野花朵朵，还有扎根于岩石中的矮松和红松。生命在这里是顽强和抗争的，就像阿切斯岩拱面对风沙的侵蚀。开始与结束，存在与消亡，这就是阿切斯岩拱命题。

# 砂　岩

144

　　砂岩主要由石英颗粒（沙子）形成，结构稳定，通常呈淡褐色或红色，主要含硅、钙、黏土和氧化铁。砂岩是一种沉积岩，是由石粒经过水冲蚀沉淀于河床上，经千百年的堆积变得坚固而成。后因地球地壳运动，而形成今日的矿山。阿切斯岩拱国家公园内的岩石主要就是砂岩。

# 第三节　黄石国家公园

　　这片由水与火锤炼而成的大地原始景观被人们称为"地球表面上，集所有奇观之大成"，它已经超出人类艺术所能达到的最高境界。

黄石公园

　　黄石国家公园，简称黄石公园，被美国人自豪地称为"地球上最独一无二的神奇乐园"，是世界第一座国家公园，成立于 1872 年。其实，最早领略黄石那种凛冽美的并非美国人，而是肖肖尼人和其他印第安人。早在 19 世纪初，他们就在这片土地上狩猎并零星地占地而住。对他们而言，这里的一切如同亚当和夏娃眼中最初的伊甸园，虽然物质极度匮乏却美得炫目而不自知。后来，这块土地上逐渐有了美国人的足迹。

　　黄石公园位于美国中西部怀俄明州的西北角，并向西北方向延伸到爱达荷州和蒙大拿州，面积达 7988 平方千米。这片地区原本是印第安人的圣地，但因美国探险家刘易斯与克拉克的发掘，而成为世界上最早的国家公园。它在 1978 年被列为世界自然遗产。

　　黄石公园,这个冰火磨砺的世界、犬牙交错的幻境,诞生于近 200 万年前的一次火山爆发,全境 99％尚未开发,这是一片广袤而洁净的原始自然区,分布在落基山脉最高峰,丰沛的雨水使这里成为美国众多大河的发源地,在这个平均高度为 8000 英尺(2438.4 千米)的开阔火成岩高原上,有山峦、石林、冲蚀熔岩流和黑曜岩山等地质奇观。

　　正是由于黄石特殊的地理环境才造就了这个充满奇幻色彩的地方。烟雾弥漫的地热喷泉奇观;彩虹般的"大棱镜温泉";准时地令人叹为观止的老忠实"间歇泉";气势磅礴的峡谷与澎湃奔腾深渊的瀑布,这一切都使每一个到达黄石的人震撼。

黄石奇景

　　最让黄石引以为傲的,应该是那一身伤疤的荣耀吧。因为地理位置和地表结构特殊,来自黄石地心的烈火仿佛会随时喷涌而出。热流和熔岩遑遑而动,丰富的地下水被加温,由冷转热,沸腾后化为蒸汽,如同压抑在喉头深处的那一声呐喊,忽然间就山声鼎沸了。无论是晴雨多云还是季节交替,所有的地下水出口都在服从命令般忽起忽落,像地底盘根而起的邪恶曼陀罗,四季常艳,不知疲倦。

公园内光温泉就有3000处,其中间歇泉300处,有水色碧蓝的"蓝宝石喷泉",有喷发前发出狮吼音的"狮群喷泉"。当然,最著名的当数因有规律地喷水而得名的"老忠实泉"——从它被发现到现在的100多年间,每隔33～93分钟喷发一次,每次持续四五分钟,水柱高40多米,从没有间断过。

正在喷发的老忠实泉

147

与老忠实泉一样有名的是黄石河。黄石湖出口北流形成黄石河,黄石河水贯穿火山岩石,长期的强力冲蚀,而形成了黄石大峡谷。黄石大峡谷长约32千米,宽450～1200米,深达360米。

由于火山爆发的冲击,雨水长期冲刷的侵蚀,另外,在寒风中天长日久的吹袭下,火成岩被切割得寸草不生,峡壁被浸染成黄、橙、棕、褐等瑰丽的色彩。凝望眼前巍然矗立的巨石,大块铺开来,气势磅礴的峡谷,气象万千,俯视深邃而笔直的峭壁,令人惊心动魄。

峡谷的颜色五彩缤纷,乍看之下,犹如一幅泼墨山水画,在灿烂阳光照耀下,出现黄、橘、红、紫、白、黑等美丽色彩,光彩夺目,令人着迷;大自然鬼斧神工的巨作,真是不可思议的神奇。

不要以为黄石公园的丰富的地热资源会影响此地树木的生长。相反,黄石公园还有令人惊叹的森林资源。而且这里多年的"以火管理"的生态策略更是保证了森林资源的更新持久。

黄石公园里的北美野牛

黄石公园多样化的自然环境,还孕育了无数的生灵,使得这里成为美国最大的野生动物庇护所。野牛、大角鹿、麋鹿、黑熊、灰狼、草原狼在这里自由徜徉,偶尔还会碰到外出觅食的黑熊,这一切都让人们深刻体验到黄石公园令人惊叹连连的生命力。

一位美国探险家曾经这样形容黄石公园:"在不同的国家里,无论风光、植被有多么大的差异,但大地母亲总是那样熟悉、亲切、永恒不变。可是在这里,大地的变化太大了,仿佛这是一片属于另一个世界的地方。……地球仿佛在这里考验着自己无穷无尽的创造力。"或许,黄石带给人们的魅力也正是如此吧。

## 全球地热资源分布

环球性的地热带主要有下列 4 个:

1. 环太平洋地热带

148

它是世界最大的太平洋板块与美洲、欧亚、印度板块的碰撞边界。世界许多著名的地热田,如美国的盖瑟尔斯、长谷、罗斯福;墨西哥的塞罗、普列托;新西兰的怀腊开;中国的台湾马槽;日本的松川、大岳等均在这一带。

2. 地中海—喜马拉雅地热带

它是欧亚板块与非洲板块和印度板块的碰撞边界。世界第一座地热发电站意大利的拉德瑞罗地热田就位于这个地热带中。中国的西藏羊八井及云南腾冲地热田也在这个地热带中。

3. 大西洋中脊地热带

这是大西洋海洋板块开裂部位。冰岛的克拉弗拉、纳马菲亚尔和亚速尔群岛等一些地热田就位于这个地热带。

4. 红海—亚丁湾—东非裂谷地热带

它包括吉布提、埃塞俄比亚、肯尼亚等国的地热田。除了在板块边界部位形成地壳高热流区而出现高温地热田外,在板块内部靠近板块边界部位,在一定地质条件下也可形成相对的高热流区。其热流值大于大陆平均热流值1.46热流单位,而达到1.7~2热流单位。如中国东部的胶、辽半岛,华北平原及东南沿海等地。

# 第四节　红杉树国家公园

红杉是地球上最大的活体,有一个高耸的树冠,覆盖着一片由几世纪落叶形成的寂静的地毯。

红杉是地球上最古老是树种之一,大约出现在几亿年前的侏罗纪时期。这个与恐龙同一时期出现的树种,随着气候的变化和地壳的运动,原来遍布北半球的红杉,现在只能在美洲地区看得到了,也就是今天我们看到的北美红杉。

红杉现今已局限于从俄勒冈州南部的克拉马斯山延伸到加利福尼亚州北部的蒙特雷湾的一个狭长的沿海地带,长势最好的红杉在加州北部沿海的红杉国家公园内。这种裹着厚厚树皮的高大树木,在过去的一个时期里,曾经创造了巨大的财富。从一棵树截取的木材可以建造 20 所房子。树龄长达 2000 年的红杉树曾经是美国西海岸经济的重要支柱。为这些珍贵的树木提供保护地的红杉树国家公园,1980 年,被列入世界遗产名录。

高大的红杉树

红杉树国家公园,南起大苏尔,北至俄勒冈州界以北不远的地方,面积429.3 平方千米。国家公园内有世界上现存面积最大的红杉树林,其中百年以上的老林区有 170 多平方千米。

公园内红杉河一带的红杉林中有三棵红杉称得上是世界之最,其中最高的一棵是 1963 年美国国家地理学会发现的,当时测得的高度为 112 米多,是有记载以来最高的树木。还有一棵"格特兰将军"的红杉,树龄已有 3500 年,高 81.5 米,胸围 38.6 米,它的木材体积足可建造 50 栋 6 个房间的住宅。又如那棵名为"昌德利亚"的红杉,树龄已有 2400 年,它高达 96 米,胸围 20 米以上。因它挡住了公路的去路,于是人们设计了一个两全其美的方案:来了个"开膛破肚",在树干的基部开一条隧道,这样汽

被开膛破肚的红杉

车在树洞里穿心而过、川流不息。现在,这棵巨杉仍然健壮地活着,成为公路史上著名的大路标。

红杉树的树干由厚实、坚韧、耐火的树皮包裹着。幼树沿整个树身分蘖树枝,但是随着树龄增长,下层树枝逐渐脱落,而形成了浓密的上层树冠。树冠排斥了几乎所有投向地面的光线。结果只有在相对疏朗的森林底层,蕨类和耐阴植物才能存活,同偶见的红杉幼树长在一起。

清晨的红杉树林总是会掩映在朝雾中。从太平洋吹来的湿润的海风,带来了浓浓的雾气。漂浮在空中的水汽落在红杉树叶子上凝成了水滴,再落到地面上。就这样,即使在不下雨的季节,这里的森林依然能得到水分的补给和滋养。水分被红杉树接住形成水滴并落到地上。很快,汇集在地面的水就携带着森林腐叶土中的矿物质等流向了大海。对海洋生物来说,这水是十分珍贵的营养源。红杉树国家公园的海岸垂直延伸至深海。因此,海水里就融进了从海底深处翻涌上来的富含矿物质的水。来自森林和海底的养分使这里成为一片富饶的海。许多鱼类,以及以这些鱼类为食的动物都聚集在这里。

被风吹到的红杉

152

　　对红杉树来说，风是大敌。森林中最高的树被风吹得剧烈摇晃，有些大树经常就被吹倒了。在森林里行走时，经常可以看到横在地上的红杉树。尽管红杉树可以长到 100 多米，可是它的根却扎得比较浅，本来就很容易倒伏。红杉树不生虫，也不易腐烂。从这颗倒了近百年的大树身上，可以清晰地看到这一特征。红杉树的球果仅有 1 厘米。这是球果里面的种子。那高达百米，寿命可达 2000 年的参天巨树就是由这米粒般大小的种子生长而成。这些树木伤痕累累，是遭到雷击后留下的痕迹。树干中间长出的树瘤隐藏着红杉树生命力的秘密。这棵看起来好像分叉的红杉树，其实是由受雷击的母树长出的新芽生长成的一棵树。红杉树从母树中孕育出子树，而且，那不只是一棵，而是两棵、三棵，有时甚至更多。当遇到危险时，红杉树便马上开始复制自己。因为拥有如此顽强的生存方式，它才从遥远的恐龙时代存活下来。

　　海岸边横陈着红杉树的枯木。从森林漂流到大海，即使被海水日夜冲刷，它们却依然不腐不烂，保持着完整的形态。经受着狂风暴雨的洗礼，红杉树代代相传，生生不息，已经在地球上生长了1亿多年。经过"恐龙灭绝"的时代，闯过"冰河期到来"的时代……经受了地球上种种环境的变化直至今天，美国的西海岸最终成了红杉树的安居之地。

除了树的神秘色彩外，红杉国家公园的森林对包括驼鹿、麋、黑熊、河狸以及白尾鹿和黑尾鹿在内的许多种动物也是十分重要的。

153

# 红 杉

红杉又叫美洲杉，长得异常高大，树干呈玫瑰般的深红色，成熟的红杉有60～100米高。红杉的寿命很长，有不少已有2000～3000多年的高龄，最老的红杉树已经生长了5000多年了。红杉生长很快，而且成活率较高，木头材质好，并具有很强的防病虫害和防火的能力，被公认为是世界上最有价值的树种之一。成年的红杉，最上端的30多米枝繁叶茂，像撑开的巨大的伞，而30米以下则是树干，没有旁枝。

化石记表明，红杉是2.08～1.44亿年前侏罗纪的代表植物，当时分布在北半球的广大地区。红杉多长在潮湿海岸地带的山谷中，它们几乎每天都淹没在从太平洋飘来的温暖海雾之中。现在仅存的北美红杉中，有三棵红杉是世界之最。

# 第五节　化石林

传奇古老的美洲大陆上,有一片不堪寂寞的五彩化石林,孤傲地躺在这片沙地上,绽放着重生后的美丽。

你可能见过珠玉玛瑙,见过翡翠水晶,但是你是否见过同它们一样光彩夺目的化石呢?

化石林

在美国亚利桑那州北部阿达马那镇附近,就有一片彩色的化石林。这里是世界上最大、最绚丽的化石林集中地。数以千计的树干化石倒卧在地面上,直径平均在 1 米左右,长度在 15～25 米之间,最长达 40 米。在完整的树干化石周围,还有许多破碎零散的化石木块。这些石化的树木年轮清晰、纹理明显,宛如碧玉玛瑙夹杂着片片碎琼乱玉,在阳光之下熠熠发光，使人眼花缭乱、叹为观止。

　　形成化石林的林木，主要是来自史前。地质学家通过杂乱铺陈于该地的树干化石得出了上述结论。约 1.5 亿年前，在这片地区生长着以针叶林为主的茂密森林，其中有些树高达 61 米。它们遭遇到了不可抗拒的灾难，而后在腐烂之前被深埋于地下。科学家们发现，木化石的形成主要是因为多层火山灰与象征火山活动的沉积物混合在一起，从沉积物中渗滤出来的地下水溶解了某些矿物质，然后将二氧化硅矿物再积淀于树的细胞中，逐渐地取代木质。这样，树就被石化了——毫不夸张地说，由于沉积物的不断堆积，它们就越埋越深，被原样地保存下来。最后，该地区又遭受一次浅海入侵，其他沉积物对沙和泥加压并使其硬化，直至变成砂岩和页岩。在大约 7000 万年前，这个地方发生了一次较大的地质变动，以前几百万年间沉积的沉积岩被逐渐搬移，直到石化树重又出露地表。这样的地质变迁给予了化石林重生的机遇，这在地质史上也是不多见的。

　　在化石林地区总共有 6 片色彩不同的"森林"。它们分别以各自的主打风格命名，有最美丽的彩虹森林，有翠绿的碧玉森林，还有水晶森林、玛瑙森林、黑森林和蓝森林。彩虹森林是其中最美丽的石化森林。走进这里你会发现，一截树干的切面便是一个大自然的调色盘，颜色和颜色之间的搭配却因为随意而显得独具匠心，像一团七彩的祥云环绕在这里。透过这些绚烂的色彩，树木年轮的纹理依然清晰可见，借着荒漠上明亮的太阳，彩色的芯片幻化出华美的晕圈，美丽得让人猝不及防。

木化石的横截面五彩缤纷

是什么原因让这化石树有如此斑斓的色彩呢？原来，树木的木质细胞在发生矿化作用之后，又被溶于水中的铁、锰的氧化物染上黄、红、紫、黑和浅灰等颜色。如此日积月累，就成了今天五彩斑斓的化石树。

但是，无论你对这些五彩斑斓的化石如何迷恋，采撷一两片带回家去却是绝对不允许的。据说，在最早一批探险家发现化石林之前，岩石晶体的颜色还要丰富的多。后来，随着人们纷沓而至，将晶体开采后运出园外，当时一些很常见的颜色，像半透明的紫水晶色、烟白色、柠檬黄色的晶体，现在已经见不到了。这对于今天来这里参观的游客，不能不说是一个遗憾。

在化石公园林，除了对着这些化石树木注目之外，还可以看到几个世纪前印第安人生活的痕迹，但是要想找到史前森林的证据已经不再那么容易了。在那久远的过去，这片茂密的森林覆盖下的土地的景象，只能在脑海中留给自己想象了。

156

## 化石作用

任何一种动植物在其死亡后都只有极小的机会被化石化而保存下来。大多数死亡的物质都会被千方百计地再度利用——食腐动物吃掉动物尸体，植物通常腐烂成天然混合物而为其他植物提供养分。

一个动物为了有机会保存下来就必须拥有一个内部的骨架或外部的硬壳，或者死后被埋在一个不流动的矿坑里，例如一个沥青矿坑，这里细菌不能生存和分解动植物的尸体。即使如此，骨骼和外壳也可能被上层的沉积物压碎，或被穿透岩石的溶液溶解，甚至被变质作用的地球运动所产生的热量和压力彻底毁掉。

这时候,保存的化石规模很大,在像白垩类这样的岩石中几乎全由小的无脊椎动物贝壳组成。最珍稀的化石是那些柔部位被保存下来的化石,例如,被看作连接恐龙和现代鸟两者之间的著名的会飞的爬行动物——始祖鸟的羽毛。在颗粒细小的沉积物中发现水母的精美印记同样十分珍稀。

# 第六节 科罗拉多大峡谷

"所有的峡谷共同组成一个大峡谷,是地球上最雄伟、壮观的峡谷。"——大约翰·韦斯利·鲍威胁尔

科罗拉多大峡谷,是世界上第二长的河流峡谷(仅次于雅鲁藏布大峡谷)。它是一个举世闻名的自然奇观,位于美国西部亚利桑那州西北部的凯巴布高原上,大峡谷全长446千米,平均宽度16千米,最大深度1740米,平均深1600米,总面积2724平方千

科罗拉多大峡谷

米。由于科罗拉多河穿流其中,故又名科罗拉多大峡谷,它是联合国教科文组织选为受保护的天然遗产之一。

印第安人传说,大峡谷是在一次洪水中形成。当时上帝化人类为鱼鳖,始幸免于难,因此当地的印第安人至今仍不吃鱼鳖。实际上,刻凿大

峡谷的工作，并非一朝一夕之功，而是经历了几十亿年的漫长岁月，而且至今犹未停歇，直至永远。人类不能觉察每天镌刻的进度，但时间的演进，却显示了令人难以置信的伟观。

发源于科罗拉多州落基山的科罗拉多河，洪流奔泻，经犹他州、亚利桑那州，由加利福尼亚州的加利福尼亚湾入海。全长 2320 千米。"科罗拉多"，在西班牙语中，意为"红河"，这是由于河中夹带大量泥沙，河水常显红色，所以取此名字。经过科罗拉多河的长期冲

科罗拉多大峡谷内的瀑布

刷，不舍昼夜地向前奔流，开山劈道，让路回流，在主流与支流的上游就已刻凿出黑峡谷、峡谷地、格伦峡谷，布鲁斯峡谷等 19 个峡谷，而最后流经亚利桑那州多岩的凯巴布高原时，更出现惊人之笔，形成了这个大峡谷奇观，而成为这条水系所有峡谷中的"峡谷之王"。

科罗拉多大峡谷的形状极不规则，大致呈东西走向，蜿蜒曲折，像一条桀骜不驯的巨蟒，匍伏于凯巴布高原之上。它的宽度在 6～25 千米之间，峡谷两岸北高南低。任何人想从北缘总部到南缘的大峡村，需绕行 322 千米才能到达，但峡谷间的距离不足 19 千米。科罗拉多河在谷底汹涌向前，形成两山壁立，一水中流的壮观，其雄伟的地貌、浩瀚的气魄、慑人的神态、奇突的景色，无可匹敌。美国作家约翰·缪尔 1890 年游历了大峡谷后写道，"不管你走过多少路，看过多少名山大川，你都会觉得大峡谷仿佛只能存在于另一个世界、另一个星球。"此言不虚。科罗拉多大峡谷是自然的奇迹，到了这里，你才会意识到自己的渺小，抑或是人类在大自然造物主面前的渺小。从众多有利视点中选取一个，向下俯视峡谷的底部，很难想象下方细小棕色的溪水担负着塑造这一巨型峡谷的重任。

站在峡谷边缘，你会惊异这片土地怎么就被鬼斧神工地掰开在你面前，露出里面斑斓的层层断面。峭壁下的深渊深不可测，尽管有护栏围着，但是来自那深渊的魔力仍然让人胆寒，不敢正视。你会疑心自己到了地狱门口，而冥王正笑着端详下一个猎物。或者你会觉得自己已经走到了世界的尽头，孤单单地把整个世界抛在了身后。它带给你一种难以名状的震慑，所谓人类的历史，时间的流逝，在这道鸿沟面前似乎也只能归于一粒沙尘。

任何词汇都不能为参观者精准描述出这一硕大无比的峡谷的规模和雄伟程度。它向目力所及的，由大小峡谷、瀑布群、众多的洞穴、塔峰、岩突、沟壑组成的辽阔而壮观的自然综合体的远方伸展。大峡谷决不会看到两次完全相同的景象，太阳和流云的阴影透过一组从黑色和紫棕色到淡粉色和蓝灰色的柔和光谱，不断地改变着岩石的颜色。

虽然有数百万旅游者观赏了诸如大峡谷村等大峡谷最闻名之处。然而参观者还是能找到许多完全与世隔绝的地方。弗恩·格伦峡谷以其小气候出名，令人惊奇的是，茂盛的花木竟能在沙漠中部茁壮成长。沃什北谷的乳白色谷壁底部有宁静碧绿的水潭。

## 大峡谷

在欧洲人发现大峡谷之前，印第安人了解大峡谷已有数千年了。国家公园的大小洞穴中富集着考古遗物，包括石画、壶和木像。直到1540年，一小队西班牙人到大峡谷寻找黄金，但当他们一无所获时，就继续前行。1857年前，大峡谷尚未被人进行过详细考察。当时一支探险队登山后准备乘船向峡谷下游旅行，但是，在旅行开始前船几乎遗损，不得不徒步行进。最著名的一支探险队是 1869 年由大约翰·韦斯利·鲍威尔领导的。鲍威尔是国内战争中的老兵和大学教授,他带领 9 个先锋队员对巨大的峡谷进行考察并缩制地图,但是,他的旅行报道在长达 20 余年时间里却没有出版。

# 第七节　魔鬼塔

　　站在这块儿巨石下,你会有瞬间的错觉,仿佛伸一伸手,就能触碰到天堂。

160

　　在美国怀俄明州东北部平原上的贝尔富什河旁,独自屹立着一个高耸的、有沟槽的火山岩巨块,这就是魔鬼塔。电影《第三类接触》中,魔鬼塔被作为外星人着陆点的背景,这让魔鬼塔国家纪念区的访客一夕之间暴增,而魔鬼塔的传说及地理特色,也因而受到重视。

魔鬼塔

　　关于魔鬼塔曾有这样两个传说,其中一个印第安传说是这样描述的:有七个少女为了躲避一只熊而逃到了魔鬼塔的顶部。那只熊拼命地追赶少女,试图用爪子爬上魔鬼塔顶,并刻下深深的印迹,但当其最终成功地爬到塔顶时,少女们跳到一块低岩上,这块岩石竟直窜天空,因此她们从熊的追杀中得救了；另一神话叙说了"魔鬼塔"名字的由来，是因为恶魔在塔顶擂鼓，震天轰响，吓坏了所有听到声响的人。

　　魔鬼塔大约形成于5000万年前，当时怀俄明还位于海平面下，沉积了诸如砂岩、石灰岩、页岩和石膏等沉积岩层。同时，来自地壳内部深处的压力迫使大量岩浆侵入沉积岩。岩浆开始冷却结晶，与此同时，它收缩、断裂形成多边形柱体，很像北爱尔兰的巨人堤道上的那种柱体。人们常能在干涸的溪流和池塘里看见同样的现象，水从那里的地表蒸发，形成周边略向上翘的多边形泥质的浅碟凹地。

魔鬼塔的纹理

　　岩浆侵入所形成的火成岩比周围的沉积岩要硬得多，经过数百万年，当海底隆起形成坚硬的陆地，侵蚀作用就开始蚕食沉积岩，留下巨块火成岩，至高无上。即使是坚硬的火成岩，也难免受到侵蚀。于是，水就渗进柱体之间的空隙，随着温度的变化膨胀、收缩，迫使一些柱体从岩石主体上崩落下来。碎裂的柱体散布于塔基，形成岩斜坡。

　　魔鬼塔上有数百道平行的裂缝，把整座岩石分割成六角形柱，是北美地区最佳的裂隙攀岩处所之一，其中最长的持续裂缝长达122米，宽度也相当可观，根据攀登技术困难度的评等，魔鬼塔被评为5.7～5.13级，算是高难度的攀岩场所。100多年前，早在成立国家纪念区前，魔鬼塔便已是冒险者挑战的目标，每年前来挑战的攀岩爱好者就有很多人，但是能顺利攀登到顶部的却寥寥无几。

　　魔鬼塔的确是个庞然大物，它耸立在黑山松林附近的怀俄明州波状平原上，塔基周围林木葱郁。它是方圆数十千米范围内的最高点，在晴朗

161

的天气里，人们能从 160 千米以外看到它。魔鬼塔虽然高出贝尔富什河 396 米，但从基座算起高度为 264 米。塔基直径 305 米，自下而上逐渐收缩，顶端直径 84 米。

站在魔鬼塔的顶部，怀俄明州、蒙大拿、北达科他州、南达科他州和内布拉斯加州都可以尽收眼底。在这里，魔鬼塔才更像一座塔，才更能使人感受到大自然的鬼斧神工。

# 莫纽门特谷地

形状奇异的砂岩块地屹立于亚利桑那州东北部的平坦沙漠上，高达 305 米。这些高耸的独石对于纳瓦霍印第安人来说是神圣的，每当太阳落山时他们在空旷无垠的沙漠上观看独石散发着红光，这很容易让人明白数千年来它们令人望而生畏的原因了。

除了这儿的岩石是砂岩外，莫纽门特独石的形成与魔鬼塔相似。整个区域都曾经一度被沉积岩覆盖，但是历经数百万年的磨蚀，只有较耐蚀的部分沉积岩保留下来成为独立式的石塔和巨块石。这儿许多名胜岩都有名称。

162

# 第八节  莫哈韦沙漠和索诺兰沙漠

随着雨后短暂绽开的色彩,这干热地区有着属于其自身的宁静而微妙的美。

从俄勒冈州北部向南延伸,几乎包括整个内华达州和犹他州在内的一大片土地,组成了高山或大盆地的寒冷的中纬度沙漠。在该区南界,它与地势高或气候炎热的中纬度沙漠——莫哈韦沙漠连为一体。莫哈韦沙漠覆盖面积约 6.5 万平方千米,代表着加州东南部的大部分地区。继续南行就进入亚利桑那州和墨西哥,莫哈韦沙漠又与索诺兰沙漠相连。

莫哈韦沙漠

虽然从该地逆冲上去的各种山脉年代更为古老,但是这里的大部分地区是由仅 160 万年的较近的地质沉积物组成的。许多年以来,风雨侵蚀和长期干涸的河流形成了世界上任何地方都不能匹敌的、荒凉而无比幽美的景色。

然而,此地晴天的概率很高,太阳辐射强烈,湿度很低。莫哈韦沙漠和索诺兰沙漠年平均气温约为 23℃,而死谷为 25℃。24 小时内的气温变幅十分惊人,白天的高温可达 40℃ 以上,随之而来的夜间气温仅 1℃～2℃,十分寒冷。地处海平面以下 86 米处的死谷——北美大陆的最低点,是地球上最荒凉的地方之一。这里的年降水量少于 50 毫米,盐滩广泛分布,形成由向各方伸展达几千米的白色晶盐组成的不规则起皱的镶嵌图案。与之相比,莫哈韦沙漠和索诺兰沙漠的平均年降水量为 50～150 毫米,然而降水时断时续,有些地区甚至多年滴水不下。

沙漠中的厚柱仙人掌

为了应对严酷的条件,这里的植被是高度特种化的。莫哈韦沙漠以灌木植被为典型,它由约书亚树、杂酚油灌丛以及偶见的仙人掌科植物一起组成。索诺兰沙漠生长着广阔的有刺灌丛,树种有牧豆树属、铁木和一系列肉质植物。除多年生植物外,这里还有许多一年生或短命植物,如罂粟属、半日花和禾本科植物等。它们一生中大部分时间以种子形式出现,期待突现短暂生命周期的适宜条件,这通常就在雨后。当雨降临沙漠时,植物做出迅速反应。萌芽、生长、开花所用时间极短,沙漠几乎在一夜之间就变得迷人、壮丽、多姿多彩，犹如由加利福尼亚罂粟花编织的鲜艳的橘黄色地毯。

多年生长的仙人掌植物平时也养精蓄锐，仅仅为了铸造偶然的辉煌。花通常是短命的，开花与确保最大限度的授粉和种子产量几乎同步进行。色彩鲜艳的花有略带蜡质的外层，在太阳辐射很强的条件下，经常只是整夜开花，第二天早晨皱缩。所有沙漠植物的种子可以休眠几个月甚至几年，等待以最高的成功机会重现生命周期的适当条件。

和植物一样，沙漠的动物也能适应严酷的条件。这里生活着各种昆虫、不同种类的爬行动物、蛇和蜥蜴、鸟类以及一些哺乳动物，其中大部分是夜间活动的动物，在地下的洞穴中度过炎热的白天，仅在夜间出没。

## 沙漠小鱼

尽管死谷的环境十分严酷，鱼却能出人意料地在这里幸存。许多鱼都是只限于某一河流或个别水潭中的孤立种群。从高达 43℃ 至 1℃～2℃ 的极端温度和变化巨大的含盐度中，这些沙漠小鱼均能适者生存。卓越的耐温性使这些鱼得以在死谷地区至少幸存 3 万年。有一名为"鬼穴小鱼"的鱼种，正面临生存环境毁坏之虞，其生境是由个别天然井组成的。在洞穴附近打钻以及随之而来的水位下降，威胁着鱼的生存。

# 第九节　夏威夷火山岛

　　美国著名作家马克·吐温曾这样描述夏威夷火山:"作为大自然最伟大的创造之一,一开始,基拉韦厄火山会让前来瞻仰它的人感到失望,但是随着你越来越深入火山,敬畏会随之膨胀,直到最后,你会慢慢发现火山的壮美,其实早已经超出了你的理解能力。"

夏威夷

　　夏威夷地处中太平洋北部,整个夏威夷群岛,西起库雷岛和中途岛,东至夏威夷本岛,延伸长度 2415 千米。由 130 多个岛屿组成,呈弧状横贯太平洋,长度达到 1500 英里(2413.95 千米)。它紧靠北回归线,构成了波利尼西亚群岛的北方前锋。同时,它又处于美国的最南部,与墨西哥城、海南、加尔各答在同一纬度。"夏威夷"一词源于波利尼西亚语。公元 4 世纪左右,一批波利尼西亚人乘独木舟破浪而至,在此定居,为这片岛屿起名"夏威夷",意为"原始之家"。最早发现该群岛的欧洲人是英国航海家詹姆斯·库克船长,他于1778年登上夏威夷群岛。

夏威夷在众多人的眼中是个梦幻般的地方。这里的天空和海水都是最澄澈的颜色,棉花糖一般洁白松软的云朵总在天上不紧不慢地悠着,习习的微风怡人得像豆蔻少女投来的回眸一笑。一年四季各种奇花异草张扬地开满路边,还不甘心地散出甜香充溢人们的口鼻之间。金灿灿的沙滩在菠萝树、棕榈树的点缀下平平地直铺入海浪深处,散布在岸边的五彩洋伞下面,飘散出美酒的醇香和悠扬的乐声。

但有谁能想到,这样一个梦幻般的浪漫岛屿却是个实实在在的火山岛呢?

整个群岛似乎与环绕太平洋边缘的"火环"中的任何一座火山没有关系。因为大部分火山都与深海沟联系在一起,海沟正处于大洋壳楔入大陆边缘下的地幔中。这一潜没的过程,因大洋壳板块的沉降产生了摩擦热,这就为海沟以外的火山依次提供热源。

夏威夷群岛的落日

相反,夏威夷群岛正处于地球地幔层的一个热点之上,是一个点状热源。西太平洋的洋壳稳定地向西移动,在热点的生命周期内,洋壳似乎移动了2414千米。所有的夏威夷群岛链都是火山岛,最老的火山岛在西端,而最活跃的——因而也是最年轻的——火山岛,就是群岛链东端充满浪漫与梦幻的夏威夷本岛。

夏威夷岛上最著名的火山——莫纳罗亚火山,是世界上最活跃、最大

莫纳罗亚火山

的活火山。它在夏威夷被称为"长期火山",海拔 13682 英尺(约 4170.27 米)。火山口面积为四平方英里,深约 600 英尺(182.88 米)。莫纳罗亚火山最后一次爆发是在 1984 年,喷出的熔岩下泻约 27 千米。离开火山口的熔岩,就像一条温度达 1100℃～1200℃ 的玄武岩组成的深红色河流,沿着山丘向下流动。熔岩的流动性很大,流动速度能达到 32 千米/时以上。熔岩流经之处一切都是燃烧的,道路受阻,当熔岩流进入大海时,就在爆炸声中冷却。类似的火山喷发给这个热带天堂中的旅游者带来惊人心魄的刺激。现在它仍被视为一个活火山,随时有可能再次爆发。

168

目前,莫纳罗亚火山仍在不断为其增加面积,如果从结构体底部到顶部算起,它比珠穆朗玛峰还高。夏威夷当地人相信,火神佩莉被她那发怒的姐姐海神赶走后,来到了夏威夷火山居住下来,她云游了一座一座火山,最终在基拉韦厄岛的赫尔莫莫火山口找到了一个安全的家园。我们所看到的火山喷发据说是火神佩莉发脾气的表现。

## 火山岛

火山岛是由海底火山喷发物堆积而成的。在环太平洋地区分布较广,著名的火山岛群有阿留申群岛、夏威夷群岛等。

火山岛按其属性分为两种,一种是大洋火山岛,它与大陆地质构造没有联系;另一种是大陆架或大陆坡海域的火山岛,它与大陆地质构造有联系,但又与大陆岛不尽相同,属大陆岛屿大洋岛之间的过渡类型。

火山岛形成后,经过漫长的风化剥蚀,岛上岩石破碎并逐步土壤化,因而火山岛上可生长多种动植物。但因成岛时间、面积大小、物质组成和自然条件的差别,火山岛的自然条件也不尽相同。如我国的火山岛——绿岛,岛上地势高峻,气候宜人,树木花草布满山野,景象多姿多彩。

# 第六章

## 大洋洲

# 第一节　大堡礁

在太平洋的额头上熠熠夺目的,是大堡礁珊瑚美丽的桂冠,是珊瑚海最好的献礼。

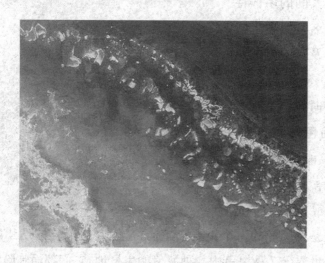

大堡礁空中俯瞰图

大堡礁沿澳大利亚东海岸绵延 2011 余千米,总面积大约是 35 万平方千米。无论从生物学、地质学,还是从自然风景的角度,它都是世界上最伟大的自然奇观之一。这重要的自然特色无可非议地会引起溢美之言,但是作为一个世界遗产地、生物圈保留地和海洋公园都反映出该区在全球范围内的重要性。

大堡礁是由珊瑚虫分泌的石灰质,使死后的遗体钙化,然后经过一代一代的沉积,进化超过 200 万～1800 万年的钙化过程形成了大堡礁,何况大堡礁的珊瑚礁还是活生生的有机体，由此可见大堡礁的珍贵了。大堡礁中有 2600 多个大小不一的珊瑚礁环绕着昆士兰州东海岸。珊瑚礁局限于全年温度保持在 22℃～28℃ 的水域，形成一种能维持十分复杂生态的生活境况——地球上已知的最多样化的生态系统。大堡礁蕴含着 400 名种硬、软珊瑚。形成礁石的硬珊瑚呈现许多不同的形态和规模，包括蘑菇状珊瑚、脑状珊瑚和鹿角状珊瑚，其颜色从红色、黄色到黑色均有。

全世界的珊瑚礁均以常出没其间的多样性鱼类而闻名。据悉生活在大堡礁及其附近的鱼类达 1500 余种，当鱼群四处疾游时就会呈现变化多端的色彩和图案。堡礁对多种鲸类，包括小须鲸、杀人鲸和座头鲸，也是很重要的。这

儒艮

些水域也是座头鲸的一个重要繁殖区，母鲸及被哺乳的幼鲸定期出没。这里也是世界上 7 种海龟中 6 种海龟的生息地，它们都面临险境，依赖僻远的珊瑚礁岛寻求安全的筑巢地。神奇的儒艮也在礁岛外浅水处的海草丛中找到一个安全的天堂。

大堡礁水域共有大小岛屿 600 多个，其中以绿岛、丹客岛、磁石岛、海伦岛、哈米顿岛、琳德曼岛、蜥蜴岛、芬瑟岛等较为有名。这些各有特色的岛屿现都已开辟为旅游区。

而如果要亲身体验大堡礁和这种美丽的海中奇观，可以参加出海的游船，参加各种潜水课程，或浮潜，和色彩缤纷的海底世界做一个近距离的接触。对来自世界各地的旅客而言，昆士兰就是大堡礁，而大堡礁也就

是昆士兰。而曾身临其境者,也都不免要感叹造物主的神奇创意,竟让这块土地拥有如此精美的杰作——大堡礁。难怪澳洲人要自豪地表示,大堡礁是世界八大奇观之一。

海底的鱼类

173

当你拿着地图顺着昆士兰的外海往北而去,很快地你的眼光将被地平线升起的那一片广大洁净无瑕的珊瑚礁所攫获。当你遨游其间时,你会为她千变万化的颜色所吸引,这些色泽其实取决于珊瑚受损的程度,这儿有 400 种活的珊瑚,颜色从一般的蓝色、鹿角棕色到错综复杂、难以置信的粉红及紫海扇,简直是个五彩斑斓的神奇世界。大堡礁的海洋生物也是千奇百怪,充满了生命的奥妙,超过 1500 多种的鱼类,其鲜艳、亮丽的颜色,足与珊瑚相媲美,当你沉潜其中望着身旁穿梭的缤纷鱼群,实乃人生一大乐趣。1976 年澳洲政府成立了"大堡礁海岸公园",开始保护这片广大而又具有价值的水域。

从古至今,大堡礁,特别是它的北部区域,对居住在西北岸土著人和托雷斯岛屿居民的文化产生了重要的影响,海洋公园的建立不仅对保护当地文化起到重要作用,而且与当地土著居民的生活息息相关。此外,还有供人观赏的石画艺术馆和 30 多处著名的历史遗址,最早可追溯到 1791 年。由于大堡礁地势险恶,因此周围建有大量的航标灯塔,有些已成为著名的历史遗址,而有的经过加固至今仍发挥着作用。

## 大堡礁的发现

库克船长在其 1770 年进行的大规模航行期间发现了大堡礁,包括绘制了澳大利亚东海岸外的水域图。礁石几乎将这次探险毁灭,因为库克并不知道在礁石里已向北航行了 998 千米,直到遇到特里布拉雄角时才意识到分布在向海一侧的礁石迷宫。随后他和他的船员就遇到了危险。他们的恩迪沃尔号船最终搁浅在距特里布拉雄角不惩处的一个小礁石上。在丢弃了许多储备品和设备后,船才得以自拔,并继续航行。

# 第二节　马里亚纳海沟

在太平洋菲律宾海边缘深洋底上有地球的一道深深的疤痕,它就是著名的马里亚纳海沟。

马里亚纳海沟是世界最深的海沟,它位于菲律宾东北、马里亚纳群岛附近的太平洋底,这条海沟的形成据估计已有 6000 万年,是太平洋西部洋底一系列海沟的一部分。它位于亚洲大陆和澳大利亚之间,北起硫黄列岛、西南至雅浦岛附近。其北有阿留申、千岛、日本、小笠原等海沟,南

有新不列颠和新赫布里底等海沟。全
长 2550 千米，为弧形，平均宽 70 千米，
大部分水深在 8000 米以上。最大水深
在斐查兹海渊，为 11034 米（另一种说
法为 11033 米），是地球的最深点。如
果把世界最高的珠穆朗玛峰放在沟
底，峰顶将不能露出水面。

人类从未能够抗拒探索未知世界
的挑战，科学技术的显著进步使人类
有可能探索处于地球上最不宜人的环
境——洋底平原和海沟的奥秘。与

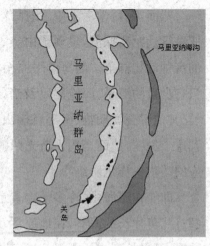

马里亚海沟的位置

6300 万平方千米的陆地相比，地球表面有 36500 万平方千米的面积为平
均水深 3.7 千米的大洋所覆盖，至今仍有许多地方尚待勘查。直至最近，
人类方可到达位于水深 2～6 千米的平坦的深海洋底，即使如此，仍需专
门而复杂的设备。在那些有类似海底火山那种具有重要意义的地质活动
的地方，往往就是深度超过 6 千米的被称之为海沟的更深的海域。世界
主要大洋都有海沟，但以太平洋中的海沟最具代表性，菲律宾以东的马里
亚纳海是海沟最深的。

潜水员曾在千米深的海水中见到过人们熟知的虾、乌贼、章鱼、枪乌
贼，还有抹香鲸等大型海兽类；在 2000～3000 米的水深处发现成群的大
嘴琵琶鱼；在 8000 米以下的水层，发现仅 18 厘米大小的新鱼种。在马里
亚纳海沟最深处则很少能看到动物了。

探索和了解在惊人深处有何物生存是巨大的挑战。即使用一个垂直
抓具采样也需要坚实有力、长达 11 千米以上的钢绳。在这深处的压力达
1100 多个大气压。迄今为止，人的才智只能将一艘配有海员的钛制潜艇
送到 6 千米深处，刚达到海沟小边缘。

　　然而,在科学考察中,用抓具、传感器和最新的摄像机对这些超深海渊进行远距离探测,发现了由熟悉和不熟悉的海洋样品组成的一个繁茂的特种动物群落。与海洋平原相比,海沟里动物种群的多样性相对减少,只有少量的海星、海蛇尾以及诸如星虫和蛏等其他群体。但是有多种蟹类、其他甲壳类动物、多毛目蠕虫、双壳软体动物和海参。光线无法穿透到这个深度,然而当用人造光照射这些动物时,它们就如其上层水中相对应的动物一样色彩缤纷。

　　即使在深海中,许多动物看上去比其同类长得更大。在其他地方不超过几英寸长的海葵,在地质活动比较活跃的区域中的一些热液排放口周围,可以长到 1.2 或 1.5 米,其触手可长达 9 米多。而正常情况下只有几英寸长的多毛虫可长到 1.2 米长。

## 热液排放口

　　1976 年才发现有热液排放口的存在,受洋床底下的熔岩加热的涌泉,其深水温度可从正常的 2℃升高到 380℃。一个独特的动物区系,包括大体型的蛤、贻贝、色彩鲜艳的多毛虫等动物。总是与这些喷发口相伴相随的。

　　热液水既可散发出 5℃～250℃的温度,也可散发出 270℃～350℃的高温。由喷射矿物形成的高温排放物看来好像黑烟囱,而由受热液体迅速逸散的薄云形成的高温排放物看来如缕缕白烟。尽管热液的温度如此之高,但热量会立即被散发掉,温度降至与周围相同的 2℃。

　　生活在黑色烟囱壁上的一些动物能够忍受 350℃的高温.值得注意的是一些寄居软管的多毛目蠕虫和特定品种的贝类软体动物专以生长在

黑烟囱壁上的细菌为食。迄今为止的研究证明，只有一二种鱼类与这个热水喷发口有联系。

# 第三节　弗雷泽岛

弗雷泽岛是世界上最大的沙岛，湖泊、森林和沙带在这里各具特色，相映成趣。

弗雷泽岛绵延于澳大利亚昆士兰州东南海岸，长 122 千米，面积 1620 平方千米，是世界上最大的沙岛。高大的热带雨林的雄伟残迹就矗立于这片沙土之上。移动的沙丘、彩色的砂石悬崖、生长在沙地上的雨林植物、清澈见底的海湾与绵长的白色海滩，构成了这个岛屿独一无二的景观。1992 年，弗雷泽岛作为自然遗产被联合国教科文组织列入《世界自然遗产名录》。

高空俯视下的弗雷泽岛

　　弗雷泽岛原名"库雅利"，意思是"天国"。这里一直美得很超然。弗雷泽岛的四周是金黄色的沙滩和沙丘，山丘的高度可达海拔240米左右。岛上的一些地方还耸立着红色、黄色和棕色相间的沙石悬崖，还有被风浪冲刷成的塔状锥状的岩石柱。

　　弗雷泽岛是由数百年前大陆南方的山脉受风雨剥蚀而开始形成的。风把细岩石屑刮到海洋中，又被洋流带向北面，慢慢沉积在海底。冰河时期海面下降，沉积的岩屑露出海面，被风吹成大沙丘。后来海面回升，洋流带来更多的沙子。植物的种子被风和鸟雀带到岛上，并开始在湿润的沙丘上生长。植物死后形成了一层腐殖质，使较大的植物可以扎根生长，沙丘便被固定住了。现在，全岛均是金黄色的沙滩和沙丘。有些地方耸立着红色、黄色和棕色的砂岩悬崖。砂岩悬崖被风浪冲刷成锥形和塔形的岩柱。

落月下的海滩

　　弗雷泽岛的雨量异常充沛，年降雨量可达1500毫米。因此，在岛下形成了一个巨大的淡水池，蓄水量约2000万立方米。沙丘之间还有40多个淡水湖，其中包含了世界上1/2的静止沙丘湖泊，这大大促进了沙丘植物的兴衰循环。布曼津湖,这个世界上最大的静止湖泊是弗雷泽岛最美丽的地方之一。

在沙滩和悬崖后面生长着种类繁多的植物。上面森林茂密,喜欢潮湿的棕榈和千层树在积水的地方生机蓬勃;柏树、高大的桉树、成排的杉树以及非常珍贵的考里松也都惬意地在此安家落户。这些林地为很多动物提供了家园。世界上有超过300种原生脊椎

生活在这里的鹦鹉

动物,而生活在这个岛上的就多达240种,其中包括极为珍贵的绿色、黄色雄鹦哥。这种鹦鹉科鸟类,喜欢活动在靠近海岸的洼地和草原上。以花和蜜为食的红绿色金猩猩鹦哥,为密林增添了艳丽的色彩。地鹦鹉、葵花凤头鹦鹉和大地穴蟑螂也是岛上的常住居民,因为在这里它们少有天敌。岛上的哺乳动物数量很少,但是这里却是澳洲野狗在澳大利亚东部的唯一栖息地。

岛上的沙丘湖由于纯净度高、酸性强、营养含量低而鲜见鱼类和其他水生生物。一些蛙类却非常适应这种环境,特别是一种被称为"酸蛙"的动物,它们能忍受湖中的酸性而悠闲地生活。弗雷泽岛的高潮与低潮之间有大片的浅滩,这些浅滩为过往的迁徙水鸟提供了最好的中途栖息地。岛上的小湖和溪流成为野生动物的饮水源,这些动物其中包括澳大利亚野马。它们其实是运木材的挽马和骑兵军马的后裔。每年的8～10月,弗雷泽岛附近的海面上,还常常能看到巨大的座头鲸喷出的水柱,以及它们跃出水面的样子。

同样是安宁绝美的所在,同样是遗世独立的乐土,弗雷泽岛仿佛比天国更暖和、更温润,而且色彩鲜明,生机勃勃。

## 弗雷泽岛名字的起源

弗雷泽岛的名字来自于一位名叫弗雷泽的妇女的奇特经历。1836年,一批欧洲人因为船只失事,乘救生艇登上此岛,其中有船长及其妻子弗雷泽。两个月后,救援人员才到达此处,但是已经有几个人丧生了,其中包括船长。弗雷泽宣称,她丈夫是被岛上的土著布查拉人杀害的。后来,她在伦敦海德公园搭建起帐篷,不无夸张地向外公布她在岛上经历的可怕的故事,每讲一次便会索取 6 便士。她绘声绘色地讲述她如何被长矛刺伤和百般拷打,叙述船员如何被放在火上活活烤死。后来,她的经历成为一部电影和基本小说的主题。弗雷泽岛不仅因此得名,而且也因此闻名于世。

# 第四节　蓝山山脉

幽蓝的山峦、峡谷、森林、天际,本来鲜亮透明的景色,变幻成一脉幽蓝。神秘的无法言说,浪漫的沁人心脾。

你见过哪一座山拥有蓝色的浪漫?见过哪一座山如此神秘典雅?同时具备着这两种特质的恐怕除了蓝山山脉,再也找不到第二座山了吧。

蓝山山脉位于悉尼以西约 65 千米处，是澳大利亚东南部的新南威尔士州一处旅游胜地，它从东向西倾斜，东部最高点海拔 1070 米，西部山峰高 360～540 米。蓝山峰峦陡峭，涧谷深邃，山上生长着大量桉树，桉树为常绿乔木，树干挺拔，木质坚硬，含有油质，可提取挥发油，其自然挥发的油滴，在空气中经阳光折射呈现出蓝光，此山脉因而得名蓝山。2000 年被联合国教科文组织指定为世界遗产保护区。

蓝山山脉的三姐妹峰

蓝山山脉国家公园，以格罗斯河谷为中心，峰峦陡峭，涧谷深邃。山上生长着各种桉树，满目翠蓝。入秋，叶间丹黄，景色更美。桉树为常绿乔木，树干挺拔，木质坚硬，其挥发的气体在空气中经阳光折射呈现蓝光，给这座山脉披上了幽蓝的光芒。在幽蓝色笼罩下的一切，草丛、树林、山谷、沙地都变得格外神秘。

三姐妹峰耸立于山城卡通巴附近的贾米森峡谷之畔，距悉尼约 100 千米，峰高 450 米。三块巨石拔地如笋，俊秀挺拔，如少女并肩玉立，故名三姐妹峰。传说此系巫医的三个美丽女儿的化身。为防歹徒加害，其父用魔骨将她们点化为岩石。其后巫医在与敌人的搏斗中，丢失了魔骨，无法使她们还生。现在峰下常见琴鸟飞翔，传说这是巫医的化身，仍在寻找魔骨，以期复原女儿的真身。三姐妹峰险不可攀，这里曾是当时欧洲移民向西推进的障碍。1813 年，欧洲人布拉斯兰·劳森历经艰险跨越山区达到内地，入山处当时植有纪念树，至今残干尚存，是拓荒者的遗迹之一。1958 年建筑的高空索道，是南半球最早建立的载客索道。

蓝山山脉的温特沃思瀑布从一个悬崖上飞泻而下，落入 300 米深的贾米森谷底。从观瀑台上看过去，大瀑布像白练垂空，银花四溅，欢腾飞跃，气势磅

蓝山山脉内的溶洞奇景

礴。从观瀑台上回首西望，高原和山峰在云雾中时隐时现，虚无缥缈，景象奇特。

蓝山山区的吉诺兰岩洞经亿万年地下水流冲刷、侵蚀而形成，雄伟绮丽、深邃莫测。洞中有洞，主要有王洞、东洞、河洞、鲁卡斯洞、吉里洞、丝巾洞及骷髅洞。1838 年由欧洲人发现，约在 1867 年被新南威尔士州政府列为"保护区"。洞内钟乳石、石笋、石幔在灯光的照射下闪烁耀眼，光怪陆离。王洞中的钟乳石又长又尖，向下伸展，与石笋相接。河洞中的巨大钟乳石形成"擎天一柱"，气势非凡；石笋巍峨似伊斯兰教寺院的尖塔，庄严肃穆。鲁卡斯洞的折断支柱，鬼斧神工，均为大自然奇观。

蓝山山脉上还有南半球上最大的热带雨林，同时也是世界上现存自然遗产最古老最完整的热带雨林。这里生活着 400 多种动物，1000 多种植物。大量稀有物种和濒危物种，包括具有明显地域特征的进化了的古

澳大利亚琴鸟

代遗留物种,这些物种现在只能在很小范围的地区寻觅到。琴鸟是蓝山的一道独特的风景,雄性琴鸟的尾羽形状与西方乐器竖琴相似,因而得名。琴鸟非常聪明,它能模仿上百种鸟类和其他动物的声音。这里还有一种树是遗存下来的恐龙时期的"活化石",被称为"乌利米松",这种树在全球仅存 3 丛,共有 35 株,已经有 500～1000 年的树龄了。澳大利亚为了保护这些国宝,这些物种的生长地都一直处于保密状态,如果想要前往参观,必须蒙上自己的眼睛,在别人的带领下到达。

## 澳大利亚与桉树

在澳大利亚东部沿海,茂密的森林郁郁葱葱,来自世界各地的旅游者无不为此惊叹。然而他们当中很少有人知道,这广袤的森林中 90% 是桉树。桉树是大自然赠予澳大利亚的礼物，也是澳大利亚献给世界的礼物。

澳大利亚的土地是地球上最贫瘠的，低碳、高铁的土壤呈深红色；澳大利亚的气候又十分干旱，但桉树却能够在这种艰苦的自然环境中茁壮成长。根据研究，澳大利亚的桉树有 500 多个品种，高的可以长到 100 多米，笔直笔直的，矮的只有一两米，呈灌木状。为了生存，桉树在长期的进化过程中形成了许多独特的生长特点：为了避开灼热的阳光，减少水分蒸发，桉树的叶子都是下垂并侧面向阳；为了对付频繁的森林火灾，桉树的营养输送管道都深藏在木质层的深部，种子也包在厚厚的木质外壳里，一场大火过后，只要树干的木心没有被烧干，雨季一到，又会生机勃勃。桉树种子不仅不怕火，而且还借助大火把它的木质外壳烤裂，便于生根发芽。桉树像凤凰，大火过后不仅能获得新生，而且会长得更好。

如果没有桉树这样的"土地卫士"，澳大利亚红色贫瘠的土壤早就被风雨蚀食干净；如果没有桉树，那里生存着的众多昆虫、爬行动物、鸟类和有袋类动物将因为没有藏身之处和食物而灭绝，人们当然也就看不到只吃桉树叶的树袋熊憨态可掬的形象。

# 第五节　赫利尔湖

赫利尔湖虽然靠近大海，却也感受不到一丝海腥味儿，它被涂上了淡淡的粉色，就像天空的一抹微笑，它美丽的笑靥从心底让你陶醉其中。

在西澳大利亚南部海岸外，分布着一组由上百个小岛组成的岛屿，名叫勒谢代群岛。在群岛中有一个米德尔岛最为著名，它的成名是因为岛上的粉红色湖——赫利尔湖。

184

赫利尔湖

赫利尔湖是咸水湖,宽约 600 米,湖水较浅,沿岸布满晶莹的白盐,湖的四周是深绿色的桉树和千层木林,在森林以外则是一条狭窄的白色沙带,将湖与深蓝色的海水隔离开来。

从空中俯瞰,粉红色的赫利尔湖就像一块椭圆形蛋糕上的糖霜,为米德尔岛森林茂密的一角平添了奇异色彩。这个宽约 600 米的咸水浅湖的边缘都是白盐,四周是深绿色的桉树和千层木林,再向外则是一条狭窄的白色沙带将它与深蓝色的海水隔离开来。

1820 年,英国航海家及水文学家弗林德斯在测量海岸线途中曾到过这里,后来他对岛上的粉红色湖泊进行了文字记载。这个听起来匪夷所思的湖泊引发了人们极大的兴趣。湖水究竟为什么会呈粉红色?

为了找到答案,1950 年,一批科学家开始调查湖水呈粉红色的原因。

他们本来打算在湖水中寻找一种水藻。通常在含盐量很高的咸水中,这种水藻会产生一种红色色素,例如澳洲大陆上埃斯佩兰斯附近就有这么一个湖,其湖水就是因这种水藻而变红的。然而在赫利尔湖取了数次水样进行分析,没有发现藻类。所以,此湖为何呈粉红色至今仍是个谜。由于这个岛目前没有居民居住,人们在进行了几次商业勘探之后,就很少再有人打扰这片宁静之地了。

## 咸水湖

咸水湖是按湖水的含盐量划分的一种湖泊类型,与淡水湖、微咸湖相对。咸水湖是指湖水含盐量较高的湖泊(一般以1‰以上为咸水湖)。咸水湖通常是湖水不排出或排出不畅,蒸发造成湖水盐分富集形成的,故多形成于干燥的内流区。

中国的咸水湖主要分布在西部地区,且在数量上远多于淡水湖,约占全国湖泊总面积的55‰。其中最大、最著名的是"青海湖"。世界上最大的咸水湖,同时也是世界上最大的湖泊为亚欧大陆之间的里海。

186

# 第六节　艾尔斯岩

它对自己的孤独是再清楚不过的,它似乎觉得难以排遣,就把这样的孤独以一种巨大的手笔写在了澳洲北部的荒原。

艾尔斯岩位于澳大利亚中北部的艾丽斯斯普林斯西南方向约340千米处。艾尔斯岩高348米,长3000米,基围周长约8.5千米,东高宽而西低狭,是世界上最大的裸露地表的独块石头。它气势雄峻,犹如一座超越时空的自然纪念碑,突兀于茫茫荒原之上,在耀眼的阳光下散发出迷人的光辉。

艾尔斯岩

　　1873 年，一位名叫威廉·克里斯蒂·高斯的测量员横跨这片荒漠，当他又饥又渴之际发现眼前这块与天等高的石山，还以为是一种幻觉，难以置信。高斯来自南澳洲，故以当时南澳州总理亨利·艾尔斯的名字命名这座石山。艾尔斯岩俗称为我们"人类地球上的肚脐"，号称"世界七大奇景"之一，距今已有 4 亿～6 亿年历史。如今这里已辟为国家公园，每年有数十万人从世界各地纷纷慕名前来观赏巨石风采。

　　艾尔斯岩总是给人变化莫测的神秘感，它随着早晚和天气的改变而"换穿各种颜色的新衣"。当太阳从沙漠的边际冉冉升起时，巨石"披上浅红色的盛装"，鲜艳夺目、壮丽无比；到中午，则"穿上橙色的外衣"；当夕阳西下时，巨石则姹紫嫣红，在蔚蓝的天空下犹如熊熊的火焰在燃烧；至夜幕降临时，它又匆匆"换"上黄褐色的"夜礼服"，风姿绰约地回归大地母亲的怀抱。

　　关于艾尔斯岩百变颜色的缘由众说纷纭，但根据地质学家的推断与考证，认为艾尔斯岩石主要由红色砾石组成，其含铁量相当高，岩石表层的氧化物随着阳光不同角度的照射,而不断地变化着其颜色。这种奇妙变幻的光影,给艾尔斯岩增添了无穷的魅力与神奇。

雨中的艾尔斯岩气象万千,飞沙走石、暴雨狂飙的景象甚为壮观。待到风过雨停,石上又瀑布奔流、水汽迷蒙,又好似一位披着银色面纱的少女;向阳一面的几道若隐若现的彩虹,有如头上的光环,显得温柔多姿。雨水在岩隙里形成了许多水坑,而流到地上的雨水,浇灌周围的蓝灰檀香木、红桉树、金合欢丛以及沙漠橡树、沙丘草等植物,使艾尔斯石突显勃勃生机。

# 艾尔斯岩和奥加尔山的地质史

艾尔斯岩和奥尔加独石群形成于冰碛岩,一种似乎与其目前炎热沙漠中部位置很不一致的古代冰川沉积物。然而。独石大约是在6.8亿年前形成的,当时澳大利亚位于更高的纬度。古冰川形成的岩石在南半球国家的许多地方同样都有发现,这表明过去地质时期曾有多次冰期。这样的岩石是重要的气候指示器,有助于确证用古磁学等其他方法测定从前的大陆位置。

艾尔斯岩的地层接近垂直,而奥尔加山的地层接近于水平,这一反差可以用来解释两个露头之间侵蚀方式的差异。两大主要侵蚀方式影响了两个地区:雨水侵蚀区和热力侵蚀区。尽管,它们都地处沙漠,但每年都有几英寸的降水,而且趋向于每隔几年降一两次大暴雨,当强烈洪水急流直下岩壁时,冲走了沿途的疏松物质。热力侵蚀是由灼热的白天与严寒的黑夜之间的气温极端变化引起的,当岩石不停地膨胀和收缩时。终于引起岩石碎片的脱落。

# 第七章

## 南极洲

# 第一节　南极洲干谷

大自然的力量是神奇的,创造了一个冰雪世界的同时,又在这个冰雪世界里创造了一个"世外桃源"。

除了极地区域以外,谷地没有雪或冰并不奇怪。但在南极这一望无际的雪原中,有一个神奇的无冰雪地带,它是三个巨大的盆地,四壁陡峭,由已消失的冰川切割而成,这就是干谷。在干谷,很少下雪,年降雪量只相当于 25 毫米的

南极干谷

雨量。即使下雪,雪也被干燥的风吹走。或融化在周围吸收太阳热量的岩石之中。因此,干谷内没有半片雪花,和四周形成强烈的对比。

干谷的存在让科学家们十分费解,他们始终搞不明白,为什么在这个冰雪覆盖之地,会存在这样的一个"世外桃源"。有的科学家认为,干谷这种地貌的形成是火山喷发及相伴的地热活动的结果,地下喷出的滚烫的岩浆融化了覆盖在地表的冰层,使大地得以重见天日。地热活动所释放出来的巨大热量使地表的冰雪无法久存,在落下的很短时间内便融化。还有科学家认为,这里的特殊地理状况与太阳辐射和岩石的颜色有关。南极半岛地处极圈外,每天的日照时间很长,气温相对较高,往往使冰雪

无处藏身。

此外，科学家们还公认一种说法，干谷是由南极洲的冰川消融、干涸而成，覆盖大陆的冰川消失，地面裸露出来，呈现了最原始的地貌，像维多利亚干谷地区就保留了很好的原始自然状态，遗留了世界上少有的冰川期之后的侵蚀现象和证据。

南极洲的干谷，位于该洲大陆部分的罗斯冰架以东和麦克默多湾上，分别被命名为泰勒、赖特和维多利亚干谷。这些干谷边坡陡峭，呈U形，原由冰川刻蚀而成。冰川早已融化。干谷范围很大，呈褐色或黑色，无植物生长，故被形容为"赤裸的石沟"。

每个干谷都有盐湖，最大的是万达湖，它有60多米深，湖面上有一层4米厚的冰层。湖底水温较暖，达25℃。这是湖面上的冰层阻止其热量发散开去的缘故。在万达湖往西，有一个叫"汤潘湖"的小湖泊。这个湖的湖水的盐度很高，随便捧一捧水，手中都会留下一层盐粒。正因为这样，这个湖的湖水永不结冰，成为冰雪世界中的奇观，并有了一个"不冻之湖"的美称。

干谷拥有面积广大的沙地，上面布满海豹尸骨，它们都被完整地保存了下来。动植物能长时间地保存在干谷的干冷空气中，正如肉能保藏在冰箱里不变质一样。可谁又能知道它们死于数百年，还是数千年前呢？

岩石则在风的影响下被雕刻成怪异的形状，寂寞地矗立在这片荒凉的谷地中。除此之外，一个个热气腾腾的冰结构喷气孔（火山口）也为这个奇特地貌增加了神秘色彩。所有这一切最终让干谷变成一个似乎不可能真实存在的世界。

## 干谷地带的湖泊

干谷地带都伴随有水温较高的湖泊,有的水温可达到 25℃。这些湖泊的水温和外界的水温大相径庭,竟然能和温带地区的水温相当,并且常年保持常温状态。例如范达湖,在三四米厚的冰层下,水温是 0℃ 左右的临界点。再往下延伸 40 米,水温达到了 25℃ 左右,几乎是春天的温度。对于这种现象,科学家提出了地热活动和太阳辐射两种观点进行解释,但是却没有人敢肯定地下结论。

# 第二节  罗斯冰架

它冷峻的白色,带给人一种冷静的感觉,晶莹剔透的白色横贯了整个大陆,冰雪世界的风光在这里尽收眼底,这就是世界上最大的冰架——罗斯冰架。

罗斯冰架像一个巨大的三角形冰筏,靠近太平洋和新西兰方向,巨大的罗斯冰架几乎塞满了南极洲海岸的一个海湾。它宽约 800 千米,向内陆方向深入约 970 千米,是最大的浮冰,其面积和法国相当。

18 世纪 70 年代,詹姆斯·库克船长进行的第二次伟大航行期间,他成为环绕高纬度的南极大陆航行的第一人,但是他从未见过南极大陆;他对继续南行所做的每一次努力都受挫于巨大的浮冰。直到 1840 年,早已

罗斯冰架

是最有经验的英国北极海员——詹姆斯·克拉克·罗斯船长扬帆南行，并成功地通过了浮冰带，进入现被称为罗斯海的水域。他发现了罗斯岛及其以东的被其称之为"维多利亚"的冰障，其间他写道："我们会有通过多佛尔海崖，取得同样成功的机会，并力图去深入这一巨大的陆块。"

罗斯冰架给远道而来的探访者们留下了深刻的印象。50 多米高的冰崖高悬于航船上空，以至于除了能看到一望无际的冰原外，他无法再往南看。

罗斯冰架断裂下来的冰山

罗斯冰架主要是靠冰川的补给。如比尔德莫尔等许多冰川都流经南极洲横断山脉，然而，从玛丽伯德地流出的冰流可能会提供更多的冰。构成罗斯冰架的冰层达二三百米厚,罗斯冰架的后半部分直接与海底的地面亲密接触,它的前半部分则漂浮在罗斯海面上,不停地想前缓慢移动,而且会在适当的时候断裂,脱离冰架。于是,在这里通常会看到漂流于冰冷彻骨海水上的一座座冰山。南极附近海面上漂浮的大部分平顶的桌状冰山就是这种冰架破裂后形成的。目前看来,冰架的断裂程度远远大于冰川对冰架的补给,这可能是全球气候变暖的影响。如果照此发展下去,或许我们就再也看不到罗斯冰架了。

冰架的大部分地区都尚未破裂,成为很好的旅游地。冰架相对平坦,地表状况则对发展雪橇运输队起支配作用。疏松的雪面很难行走,只能由人、狗或拖拉机来拉雪橇。雪面波纹——风吹而成的坚硬的雪垄是最常见的,当它达到30多厘米高时,行走就很难。当雪垄之间的槽沟被疏松的雪填满时,表面就呈现出平坦的假象,人和拖拉机只能跟跄前行,特别令人沮丧。

**194**

## 冰架

通常,冰架是在冰川和冰遇河从大陆冰盖流入海湾的地方形成的。当冰川流过陆地界线时,通常在海平面以下305米耀处,冰开始瀑浮,而不同的冰川将汇合成一十冰盖,冰盖将继续增大,直到填满海湾为止。当它扩展到海湾区域以外时,无论海湾多大,超越海湾口抛锚点以外的冰槊前缘部分就变得不稳固,易受辽阔大洋威力的影响。冰架最终会退缩到锚点连接线址,冰山也会崩裂。由于底邦的融化,冰槊也会损耗冰。这就是通过洋底向北流动的底层冷水的源泉,冷水最终上泛并充氧,成为暖水。

## 冰障和公路

当斯科特船长和欧内斯特·沙克尔顿在19与20世纪之交去南极洲的时候,他们仍然把冰架看作"冰障"。对他们来说冰架是通向南方的公路。在1901~1903年"大发现"探险期间,斯科特横越冰架南行640余千米,创造一个新的"最南"纪录。沙克尔顿在其1907~1909年的尼姆罗德探险期间,超过了斯科特的"最南"点,发现了流经南极横断山脉直达极地高原的比尔德莫尔冰川。沙克尔顿没有到达极点。4年后,挪威探险家阿蒙森发现了另一条从冰架经阿克塞尔海伯格冰川到极地高原的路线时,他终于获得了最先到达南极的殊荣。

# 第三节　布韦岛

这是一座位于南大洋的,世界上最偏僻的岛屿,它的出现往往就像昙花一现……

布韦岛南是大西洋的一个孤立火山岛。东西长8千米,南北宽6.4千米,面积58平方千米。最高海拔945米。由黑色熔岩组成,覆有冰层。海岸陡峭。东部有冰川,北部长苔藓,并多鸟粪,无常住居民,建有捕鲸站。其位于南大洋的世界上最僻远的岛屿。

对于任何一个探险者来说,发现它的兴奋都如昙花一现,因为这是一个令人生畏的地方。该岛是一个陡峭包围的活火山,全部被冰盖所覆盖。岛上的天气通常很糟糕,登岛的尝试很少有成功的。被放逐到该岛

布韦岛

的任何一个人确实会感到十分孤寂；最近的陆地是其南 1689 千米处的杳无人迹的屈朗宁·毛德地的南极海岸；南非的开普敦位于其东北 2558 千米处。

布韦岛是由法国航海家布韦于 1739 年 1 月 1 日发现的，当时他正在寻找一个被另一个法国人波尔梅尔·德·冈内维尔于 16 世纪早期描述成神秘的热带天堂的地方。由于持续大雾和有一个船员生病，因此布韦没能登陆，被迫退却。他确信已发现了南大陆的外端，并将其命名为瑟库姆锡兴角。他记录了岛屿的经度和纬度，然而当他回到法国时，他所能报道的是，他发现的不是一个热带天堂。随后，其他几个探险者、著名的航海家，如詹姆斯·库克船长和詹姆斯·克拉克·罗斯相继寻找该岛，但都没有成功。他们诉说失败的主要原因是他们找错了地方。而布韦像当时的其他航海家一样没有精确测定经度的工具。性能可靠的天文钟是测量经度必不可少的工具，但当时却没有开发出来，精确的航行成为寻找这个面积仅 51 平方千米、高仅 935 米的小岛的首要条件。

在布韦发现该岛后的许多年间，该岛的存在一直有人怀疑，但大约 70 年以后，两个英国捕鲸者詹姆斯·林赛和托马斯·霍珀于 1808 年再次发现该岛。1822 年美国人本杰明·莫雷尔首次登上该岛，为表示对发

196

现者的敬意,将其取名为布韦岛。1825 年 12 月 16 日,英国海豹捕猎业探险队的乔治·若里斯又一次发现该岛,并将其改名为利物浦岛,作为国王乔治四世的财产。若里斯还命名了附近的汤普森岛,并把它描述为起源于火山的岛屿。自此以后,这座岛屿就再也没人看到过,因而被视为不复存在了。但是,现代的观点认为,它是毁灭于 1895 或 1896 年的火山喷发。后继的来访者重新界定了布韦岛的位置,然而,直到 1898~1899 年,德国深海考察队才将其位置可靠地确定下来,即南纬 54°26′和东经 3°24′,但与布韦确定的东经 28°30′的经度相差甚大。

布韦岛上的野生生物是典型的南大洋区系,但因裸露地少得可怜,所以植物也极少。岛上和岛的周围有企鹅和海豹,19 世纪和 20 世纪早期捕猎海豹的远征队来此猎取海豹的皮毛和海象油。另外,相对而言,来访的人数很少,尚未有人在岛上过冬。地球上最僻远的一片陆地似乎注定也是最孤寂的地方。

# 20 世纪的布韦岛

布韦岛的早期历史就是一部发现、再发现和捕猎海豹活动的历史;20 世纪的历史就稍有不同了。1926 年,英国殖民部将布韦岛上的捕鲸租赁权出售给挪威的一个公司,1927 年 12 月 16 日,挪威南极考察队声称该岛属于挪威。该考察队队员建造了一幢小屋,对该岛进行了测量和科学调查,还对周围水域作了海洋学观测。

1928 年,挪威皇家宣言正式兼并了布韦岛,同年 12 月 19 日英国国会宣布支持挪威,放弃对该岛的所有要求。1928~1929 年,第二个挪威南极考察队试图在岛上建立一个气象站,但是没能找到合适的站址,而且

1927 年建造的小屋也被暴风吹毁。1929～1930 年,第三个考察队成功地建成了另一幢小屋,并对岛屿进行空中摄影。1955 年南非的一次航海也试图建立一个气象站,但最终放弃了这项计划。此后,有几个考察队造访该岛并进行了科学调查,但是直到 1978～1979 年的考察季节,才建立了一个小的研究站,工作了大约 10 个星期。

198